《住宅性能评定技术标准》图解

编制单位：建设部住宅产业化促进中心　北方工业大学

中国建筑工业出版社

图书在版编目（CIP）数据

《住宅性能评定技术标准》图解/建设部住宅产业化促进中心，北方工业大学编制．—北京：中国建筑工业出版社，2007

ISBN 978-7-112-08984-0

Ⅰ．住…　Ⅱ．①建…②北…　Ⅲ．住宅—性能—评价—标准—中国—图解　Ⅳ．TU241-65

中国版本图书馆 CIP 数据核字（2006）第 004734 号

责任编辑：丁洪良

责任设计：崔兰萍

责任校对：关　健　孟　楠

《住宅性能评定技术标准》图解
编制单位：建设部住宅产业化促进中心　北方工业大学
*
中国建筑工业出版社出版、发行（北京西郊百万庄）
新 华 书 店 经 销
北京永峥印刷有限责任公司制版
北京建筑工业印刷厂印刷
*
开本：787×1092 毫米　横 1/16　印张：10¾　字数：250 千字
2007 年 3 月第一版　2007 年 3 月第一次印刷
印数：1—10000 册　定价：35.00 元
ISBN 978-7-112-08984-0
（15648）

版权所有　翻印必究

如有印装质量问题，可寄本社退换
（邮政编码 100037）

本社网址：http://www.cabp.com.cn
网上书店：http://www.china-building.com.cn

前　言

为贯彻中央大力发展节能省地型住宅的精神，提高住宅的综合品质，积极而稳步地推进我国的住宅性能认定制度，国家标准《住宅性能评定技术标准》GB/T50362—2005 于 2006 年 3 月 1 日正式实施。

继 2006 年 4、5 月份三次召开全国性的宣贯会后，北京、上海、山东、浙江、江苏等地也纷纷召开了宣贯会，同时各地进行了多种形式的宣传贯彻活动，许多消费者、开发商、设计人员纷纷询问一些具体条文的内涵，因此我们组织编制了《〈住宅性能评定技术标准〉图解》，以求比较直观地表现标准条文内容，便于广大的住宅消费者、住宅开发单位、设计单位、施工单位、监理单位以及相关的科研单位、教学单位了解和使用该标准。

由于时间仓促和编者水平所限，本书错误和不当之处在所难免，恳请读者坦率指出，以便日后更正。

编制单位：建设部住宅产业化促进中心
　　　　　北方工业大学
主　　编：童悦仲、刘茂华
编写人员：潘明率、胡　燕、娄乃琳、刘美霞
审校人员：张树君、王有为、章林伟、李雪佩

目 录

前言

住宅性能认定的申请和评定 …………………… 1

1. 适用性能的评定 ………………………………… 6
  一般规定 ………………………………………… 6
  单元平面 ………………………………………… 7
  住宅套型 ………………………………………… 17
  建筑装修 ………………………………………… 28
  隔声性能 ………………………………………… 30
  设备设施 ………………………………………… 33
  无障碍设施 ……………………………………… 51

2. 环境性能的评定 ………………………………… 55
  一般规定 ………………………………………… 55
  用地与规划 ……………………………………… 56
  建筑造型 ………………………………………… 68
  绿地与活动场地 ………………………………… 70
  室外噪声与空气污染 …………………………… 76
  水体与排水系统 ………………………………… 78
  公共服务设施 …………………………………… 80
  智能化系统 ……………………………………… 87

3. 经济性能的评定 ………………………………… 92
  一般规定 ………………………………………… 92
  节能 ……………………………………………… 93
  节水 ……………………………………………… 108
  节地 ……………………………………………… 113
  节材 ……………………………………………… 118

4. 安全性能的评定 ………………………………… 120
  一般规定 ………………………………………… 120
  结构安全 ………………………………………… 121
  建筑防火 ………………………………………… 125
  燃气及电气设备安全 …………………………… 136
  日常安全防范措施 ……………………………… 142
  室内污染物控制 ………………………………… 147

5. 耐久性能的评定 ………………………………… 150
  一般规定 ………………………………………… 150
  结构工程 ………………………………………… 151
  装修工程 ………………………………………… 155
  防水工程与防潮措施 …………………………… 157
  管线工程 ………………………………………… 161
  设备 ……………………………………………… 163
  门窗 ……………………………………………… 165

住宅性能认定的申请和评定

一、申请住宅性能认定应按照国务院建设行政主管部门发布的住宅性能认定管理办法进行，详见《建设部关于印发〈商品住宅性能认定管理办法〉（试行）的通知》（建住房[1999]114号文件）等相关文件。住宅性能认定制度是伴随着住房制度改革和住房商品化的实施建立起来的。1998年国务院宣布停止住房实物分配后，住宅市场空前活跃起来。为了配合建立多元多层次的住房供应体系，促进我国住宅建设水平的全面提升，引导居民放心买房、买放心房，1999年4月，建设部颁布了建住房[1999]114号文件《商品住宅性能认定管理办法》（试行），决定从1999年7月1日起在全国实行住宅性能认定制度。

二、住宅性能认定的申请条件

1. 房地产开发企业资质审查合格，有资质审批部门颁布的资质等级证书；
2. 住宅的开发建设符合国家的法律、法规和技术、经济政策，以及房地产开发建设程序的规定。

三、申请和认定流程

1. 项目立项后，可以填写住宅性能认定申请表，进行申请；
2. 规划设计方案完成后，可以进行设计审查（预审）；
3. 设计审查通过后，颁布通过设计审查的证书和文件，并列入住宅性能认定工作计划；
4. 主体结构施工阶段进行中期检查；
5. 竣工验收后，组织专家组进行终审检查；
6. 终审通过后，颁发证书，发布公告。

四、住宅性能评定原则上以单栋住宅为对象，也可以单套住宅或住区为对象进行评定。评定单栋和单套住宅，凡涉及所处公共环境的指标，以对该公共环境的评价结果为准。

住宅性能认定的申请和评定

五、申请住宅性能设计审查时,房地产开发企业在规划设计方案完成后,主要提供以下文字材料及图纸,采用A3纸编印,装订成册。

1. 项目位置图;
2. 规划设计说明;
3. 规划方案图;
4. 规划分析图(包括规划结构、交通、公建、绿化等分析图);
5. 环境设计示意图;
6. 管线综合规划图;
7. 竖向设计图;
8. 规划经济技术指标、用地平衡表、配套公建设施一览表;
9. 住宅设计图;
10. 新技术实施方案及预期效益;
11. 新技术应用一览表;
12. 项目如果进行了超出标准规范限制的设计,尚需提交超限审查意见。

六、进行中期检查时,应重点检查以下内容:

1. 设计审查意见执行情况报告;
2. 施工组织与现场文明施工情况;
3. 施工质量保证体系及其执行情况;
4. 建筑材料和部品的质量合格证或试验报告;
5. 工程施工质量;
6. 其他有关的施工技术资料。

住宅性能认定的申请和评定

七、终审时应提供以下资料备查：
   1. 设计审查和中期检查意见执行情况报告；
   2. 项目全套竣工验收资料和一套完整的竣工图纸；
   3. 项目规划设计图纸；
   4. 推广应用新技术的覆盖面和效益统计清单（重点是结构体系、建筑节能、节水措施、装修情况和智能化技术应用等）；
   5. 相关资质单位提供的性能检测报告或经认定能够达到性能要求的构造做法清单；
   6. 政府部门颁布的该项目计划批文和土地、规划、消防、人防、节能等施工图审查文件；
   7. 经济效益分析。

八、住宅性能的终审一般由2组专家同时进行，其中一组负责评审适用性能和环境性能，另一组负责评审经济性能、安全性能和耐久性能，每组专家人数3~4人。专家组通过听取汇报、查阅设计文件和检测报告、现场检查等程序，对照本标准分别打分。

九、《住宅性能评定技术标准》GB/T 50362-2005的附录评定指标中，每个子项的评分结果，在不分档打分的子项，只有得分和不得分两种选择。在分档打分的子项，以罗马数字区分不同的评分要求。为防止同一子项重复得分，较低档的分值用括弧（ ）表示。在使用评定指标时，同一条目中如包含多项要求，必须全部满足才能得分。凡前提条件与子项规定的要求无关时，该子项可直接得分。

十、《住宅性能评定技术标准》GB/T 50362-2005的附录中，评定指标的分值设定为：适用性能和环境性能满分为250分，经济性能和安全性能满分为200分，耐久性能满分为100分，总计满分1000分。各性能的最终得分，为本组专家评分的平均值。

十一、住宅综合性能等级按以下方法判别：
   1. A级住宅：含有"☆"的子项全部得分，且适用性能和环境性能各自得分等于或高于150分，经济性能和安全性能各自得分等于或高于120分，耐久性能得分等于或高于60分，评定为A级住宅。其中总分等于或高于600分但低于720分为1A等级；总分等于或高于720分但低于850分为2A等级；总分850分以上，且满足所有含有"★"的子项为3A等级。
   2. B级住宅：含有"☆"的子项中有一项或多项未能得分，或虽然含有"☆"的子项全部得分，但某方面性能未达到A级住宅得分要求的，评为B级住宅。

3.0.3 评审工作包括设计审查、中期检查、终审三个环节。其中设计审查在初步设计完成后进行，中期检查在主体结构施工阶段进行，终审在项目竣工后进行。

住宅性能认定评审工作的三个环节

	阶段划分	相应的工程进展状况
评审工作环节	设计审查 ↓ 中期检查 ↓ 终审	初步设计完成以后 主体结构施工阶段 项目竣工后

3.0.11 住宅综合性能等级按以下方法判别：

  1 A级住宅：含有"☆"的子项全部得分，且适用性能和环境性能得分等于或高于150分，经济性能和安全性能得分等于或高于120分，耐久性能得分等于或高于60分，评定为A级住宅。其中总分等于或高于600分但低于720分为1A等级；总分等于或高于720分但低于850分为2A等级；总分850分以上，且满足所有含有"★"的子项为3A等级。

  2 B级住宅：含有"☆"的子项中有一项或多项未能得分，或虽然含有"☆"的子项全部得分，但某方面性能未达到A级住宅得分要求的，评为B级住宅。

住宅综合性能等级的判定方法

性能等级 性能项目	A级			B级
	1A级	2A级	3A级	
	含"☆"的子项全部得分			1. 含"☆"的子项有一项或多项未得分； 2. 虽含"☆"的子项全部得分,但某方面性能得分低于A级得分标准(如适用性能得分低于150分)
适用性能	等于或高于150分			
环境性能	等于或高于150分			
经济性能	等于或高于120分			
安全性能	等于或高于120分			
耐久性能	等于或高于60分			
总分	600～719分	720～849分或得分达到850分及以上,但含"★"的子项有一项或多项未得分	850分以上,且含"★"的子项全部得分	

适用性能的评定

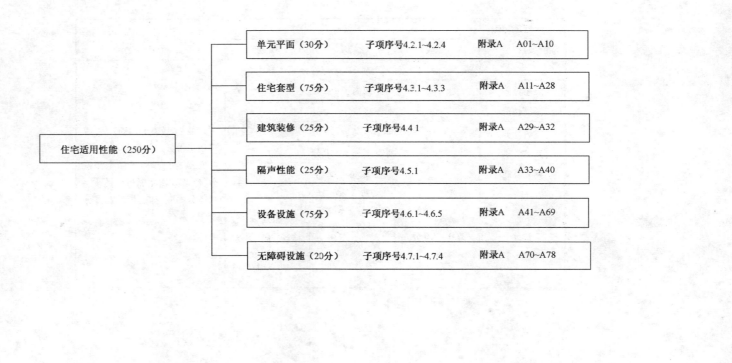

4.2.2 单元平面布局(15分)的评定应包括下述内容:
1 单元平面布局和空间利用;

附录 A 住宅适用性能评定指标

A01 平面布局合理、功能关系紧凑、空间利用充分

Ⅲ 很合理		10分
Ⅱ 合理		(7分)
Ⅰ 基本合理		(4分)

以单元式板楼二室及三室套型为例:

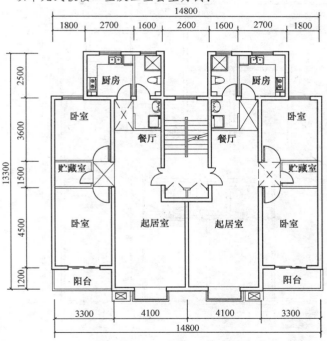

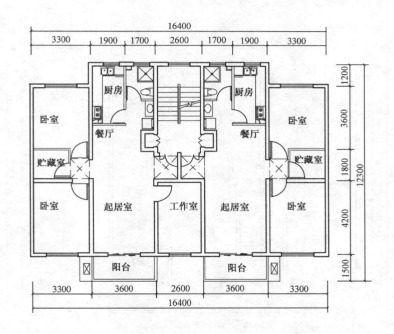

合理方案:

* 动静、洁污分区较明确。

* 日照、通风条件较好,无户间视线干扰。

* 餐厅与厨房、起居室关系紧凑,但餐厅采光稍差。

合理方案:

* 动静、洁污分区较明确,且有入口过渡空间。

* 日照、通风条件较好,无户间视线干扰。

* 餐厅与厨房、起居室关系紧凑,但餐厅采光稍差。

* 三室套型只有一个卫生间,宜设二个或二个以上卫生间。

适用性能的评定　单元平面

4.2.2 单元平面布局(15分)的评定应包括下述内容：
 1 单元平面布局和空间利用；

附录 A　住宅适用性能评定指标
　A01　平面布局合理、功能关系紧凑、空间利用充分
　　　Ⅲ 很合理　　　　　　　　　　　　　　　10分
　　　Ⅱ 合理　　　　　　　　　　　　　　　　(7分)
　　　Ⅰ 基本合理　　　　　　　　　　　　　　(4分)

以单元式板楼二室及三室套型为例：

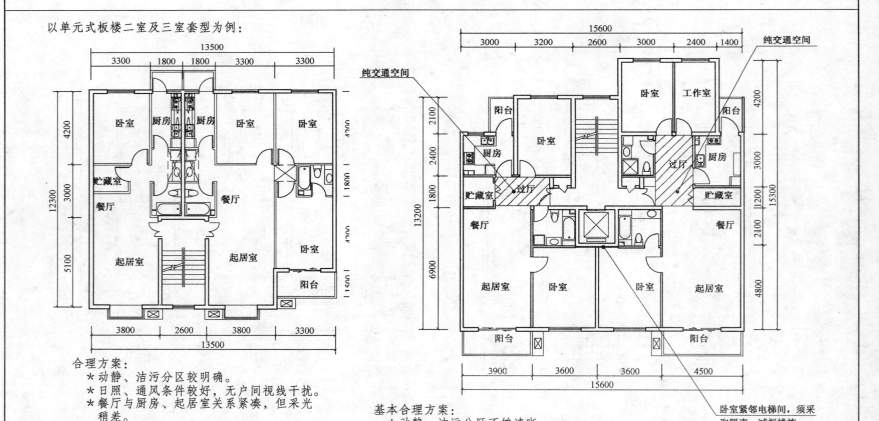

合理方案：
* 动静、洁污分区较明确。
* 日照、通风条件较好，无户间视线干扰。
* 餐厅与厨房、起居室关系紧凑，但采光稍差。
* 三居室套型应增加贮藏面积。

基本合理方案：
* 动静、洁污分区不够清晰。
* 纯交通空间不便于综合充分利用。
* 卧室门不宜直接开向起居室，且不宜紧邻电梯间，须采取隔声、减振措施。

4.2.2 单元平面布局(15分)的评定应包括下述内容：
 1 单元平面布局和空间利用；

附录 A 住宅适用性能评定指标
 A02 平面规整，平面设凹口时，其深度与开口宽度之比＜2　　2分

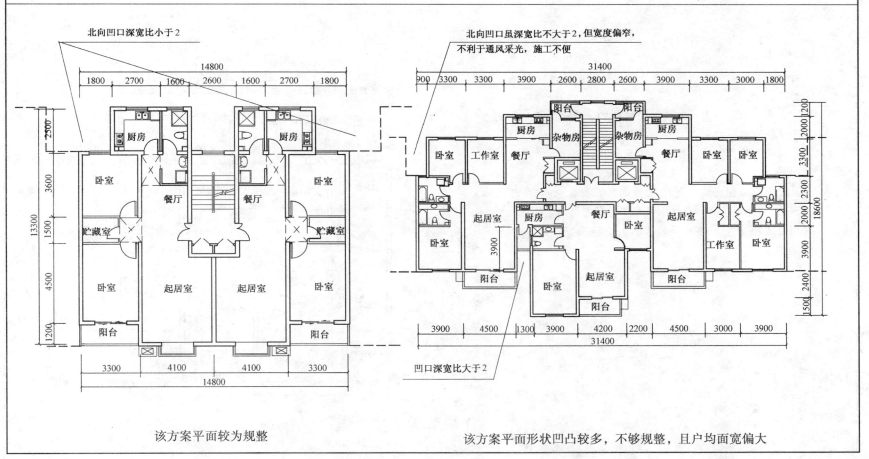

该方案平面较为规整

该方案平面形状凹凸较多，不够规整，且户均面宽偏大

4.2.2 单元平面布局(15分)的评定应包括下述内容：
  2 住宅进深和面宽。

附录 A 住宅适用性能评定指标

A03 平面进深、户均面宽大小适度　　　3分

释义：
　　从节能、节地的目的出发。本条要求，对板式住宅的意义尤为重大，但住宅进深大小还与户型大小、单元平面类型有关。如小面积户型多的板式住宅，很难实现大进深。
　　在北方地区板式住宅进深控制在13～15m为宜。南方地区板式住宅控制在11～13m为宜。
　　同时一栋住宅楼的户均面宽不应大于户均面积值的1/10。
　　现仍以右图方案为例(2室户建筑面积在90m²以内户型)。户均面宽为7.4m，户均建筑面积为88.74m²，户均面宽小于户均建筑面积值的1/10。面宽、进深较为适宜。

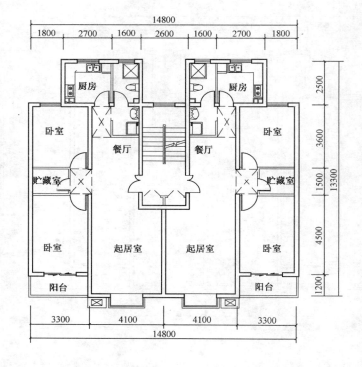

某住宅单元平面示意图

4.2.3 模数协调和可改造性（5分）的评定应包括下述内容：
 1 住宅平面模数化设计；
 2 空间的灵活分隔和可改造性。

附录 A　住宅适用性能评定指标

A04　住宅平面设计符合模数协调原则　　　　3分
A05　结构体系有利于空间的灵活分隔　　　　2分

释义：

　　A04条：住宅平面应根据其所选用的结构体系，正确选择模数系列，如采用砌块的砌体结构，平面尺寸应考虑砌块的模数；而采用钢筋混凝土框架或剪力墙结构体系平面尺寸应选用1M、3M等模数系列。

　　对建筑物及其构配件的设计、制作、安装所规定的标准尺度体系，称建筑模数。制定建筑模数协调体系的目的是采用标准化的方法实现建筑制品、建筑构配件的生产工业化，基本模数的数值为100mm，其符号为M 即 1M＝100mm。

　　A05条：结构体系的选用，应尽量有利于较大空间的创造，为住宅内部空间的可变性及日后改造提供条件。

　　右图所示方案，其中多功能室根据使用需要，可以变化成不同的功能，也可以与卧室共同组合成复合功能的套间，有利于住户使用。

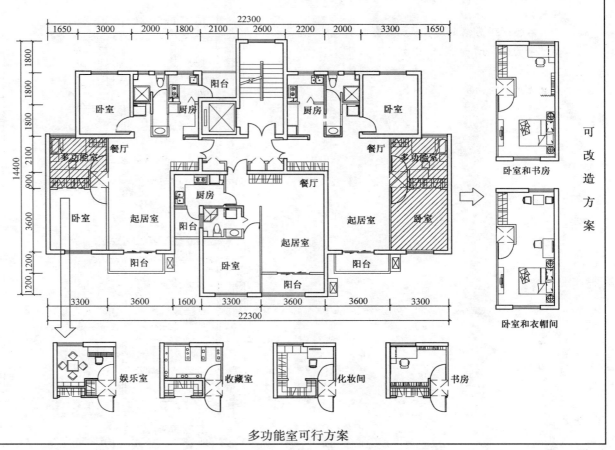

多功能室可行方案

4.2.3 模数协调和可改造性（5分）的评定应包括下述内容：
1 住宅平面模数化设计；
2 空间的灵活分隔和可改造性。

附录 A　住宅适用性能评定指标

A04	住宅平面设计符合模数协调原则	3分
A05	结构体系有利于空间的灵活分隔	2分

释义：
　　右图所示为端单元套型。该套型采用"剪力墙"结构及1M模数系列，可以根据住户的不同需要，有多种不同的布置方式。空间便于灵活分隔。

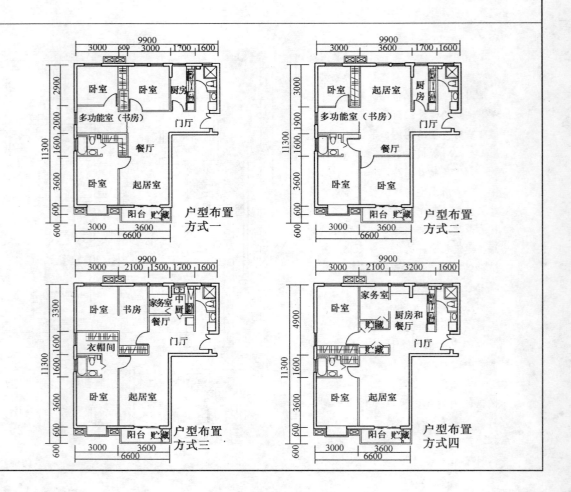

4.2.4 单元公共空间(10分)的评定应包括下述内容：
1 单元入口进厅或门厅的设置；

附录 A 住宅适用性能评定指标

| A06 | 门厅和候梯厅有自然采光，窗地面积比≥1/10 | 2分 |

释义：

对于窗地面积比的要求，《住宅设计规范》（2003年版）GB50096—1999对公共楼梯间的要求是1/12。本标准考虑楼梯间、候梯厅的采光要求适当提高，定为≥1/10。

$A_c/A_d \geqslant 1/10$

A_c——门厅或候梯厅采光窗洞口面积；

A_d——门厅或候梯厅地面面积。

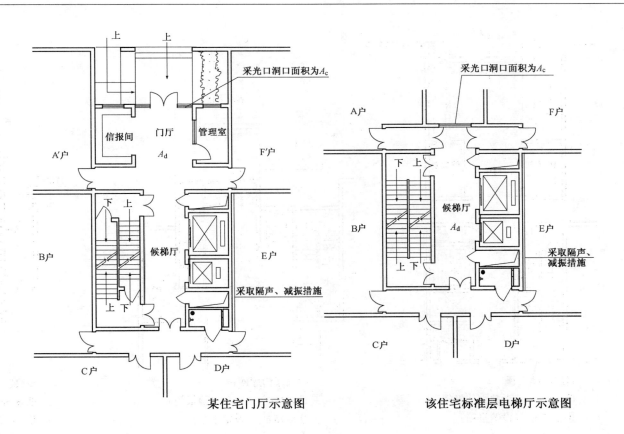

某住宅门厅示意图　　该住宅标准层电梯厅示意图

4.2.4 单元公共空间（10分）的评定应包括下述内容：
1 单元入口进厅或门厅的设置；

附录 A 住宅适用性能评定指标

A07 单元入口处设进厅或门厅
　Ⅲ 3分　　　　　Ⅱ（2分）　　　　　Ⅰ（1分）

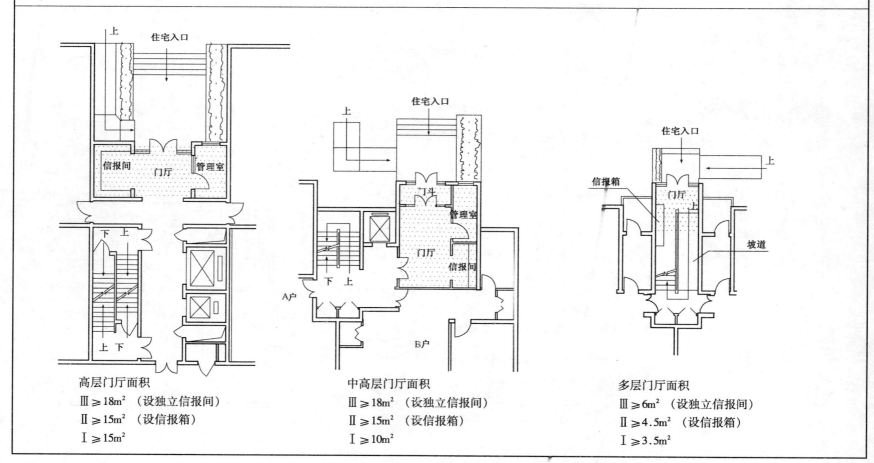

高层门厅面积
Ⅲ ≥18m² （设独立信报间）
Ⅱ ≥15m² （设信报箱）
Ⅰ ≥15m²

中高层门厅面积
Ⅲ ≥18m² （设独立信报间）
Ⅱ ≥15m² （设信报箱）
Ⅰ ≥10m²

多层门厅面积
Ⅲ ≥6m² （设独立信报间）
Ⅱ ≥4.5m² （设信报箱）
Ⅰ ≥3.5m²

4.2.4 单元公共空间(10分)的评定应包括下述内容：
2 楼梯间的设置；

附录 A 住宅适用性能评定指标

A08 电梯候梯厅深度不小于多台电梯中最大轿厢深度，
且 ≥1.5m   1分

A09 楼梯段净宽≥1.1m，平台宽≥1.2m，踏步宽度
≥260mm，踏步高度≤175mm   2分

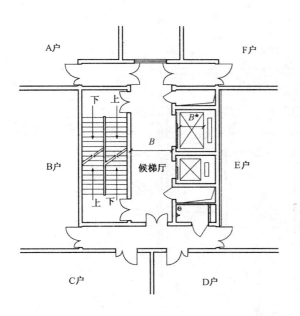

$B \geq B^*$，且 ≥1.5m
B —— 电梯候梯厅深度
B^* —— 多台电梯中最大轿厢深度

电梯候梯厅示意图

楼梯段净宽≥1.1m
平台宽≥1.2m

楼梯平面示意图

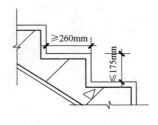

踏步宽度≥260mm
踏步高度≤175mm

楼梯踏步示意图

4.2.4 单元公共空间(10分)的评定应包括下述内容：
　　3　垃圾收集设施。

附录 A　住宅适用性能评定指标

　　A10　高层住宅每层设垃圾间或垃圾收集设施，且便于清洁　　　　　　　　　　2分

释义：
　　垃圾收集设施，可以是有保证通风、卫生的垃圾袋存放间，也可以是其他类型收集设施，但不论何种形式都不应对住户的生活环境造成不良影响。

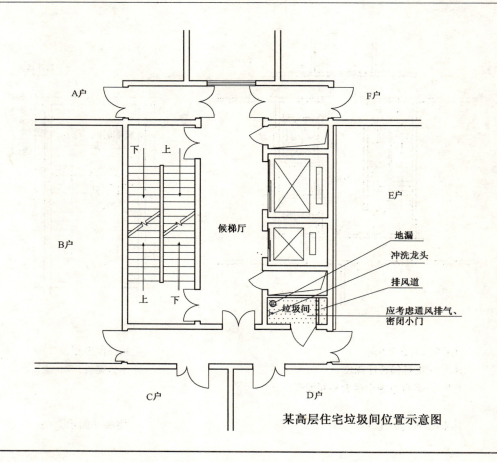

某高层住宅垃圾间位置示意图

4.3.2 套内功能空间设置和布局(45分)的评定应包括下述内容：
1. 套内卧室、起居室(厅)、餐厅、厨房、卫生间、贮藏室、阳台等功能空间的配置、布局和交通组织；

附录 A 住宅适用性能评定指标

A11 ☆套内居住空间、厨房、卫生间等基本空间齐备　　　　　　　　　　　7分

释义：
居住空间：系指卧室、起居室(厅)的使用空间。[《住宅设计规范》(2003年版)GB 50096-1999，2.0.3条]
基本空间：系指卧室、起居室(厅)、厨房和卫生间。[《住宅设计规范》(2003年版)GB 50096-1999，3.1.1条]
本条为带☆条款，是评定A级住宅必备的条件之一。
图中套型的空间设置均含有卧室、起居室、厨房、卫生间等基本空间，且还设有餐厅、贮藏间、阳台等使用空间，应属"基本空间齐备"。

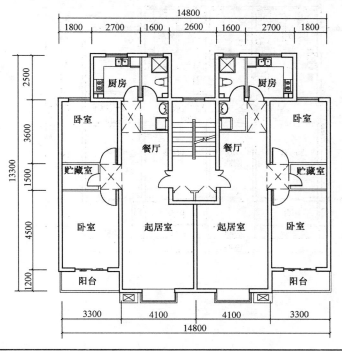

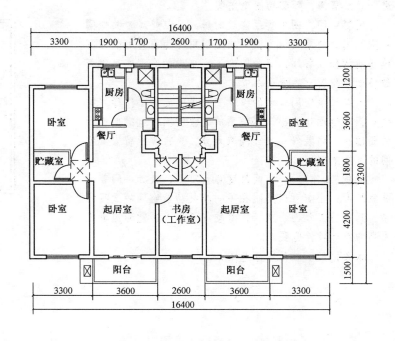

4.3.2 套内功能空间设置和布局（45分）的评定应包括下述内容：
1 套内卧室、起居室（厅）、餐厅、厨房、卫生间、贮藏室、阳台等功能空间的配置、布局和交通组织；

附录A 住宅适用性能评定指标

A12 套内设贮藏空间、用餐空间以及阳台、配置有：
Ⅲ 书房(工作室)、贮藏室、独立餐厅以及入口过渡空间　　5分
Ⅱ 书房(工作室)及入口过渡空间　　(3分)
Ⅰ 入口过渡空间　　(2分)

释义：

图中所示套型中均安排了贮藏空间、用餐空间以及阳台。其中三室户还设置了工作室和明确的入口过渡空间。

贮藏空间：吊柜、壁柜均属贮藏空间，图中所示为进入式贮藏间，贮藏功能更完备。

用餐空间：图中餐厅靠近厨房，且与起居室共处同一空间内，使用灵活方便。当然以用餐为主并可兼作其他功能的独立餐厅，更受欢迎。人口少的套型亦可将餐位设于面积较大的厨房之中。

入口过渡空间：有的设计安排了明确的小门厅（玄关），小过厅作为出入户使用的过渡空间，也有些设计需要通过室内装修二次分隔来划分，要视其所留安置空间的可能来判定。

书房(工作室)：空间尺度可大可小，大如一间普通卧室尺度；小者可以是附在另一相关功能空间的数平方米，只安排工作面、座椅、电脑等设备。该空间应考虑更高的声环境性能要求。

本条提供了三种评分选择。

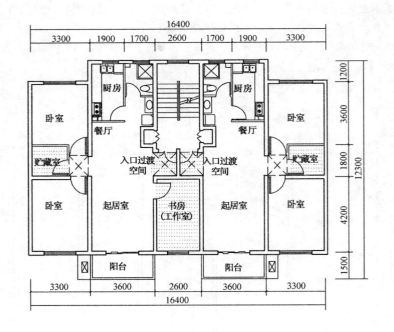

4.3.2 套内功能空间设置和布局(45分)的评定应包括下述内容：
1 套内卧室、起居室(厅)、餐厅、厨房、卫生间、贮藏室、阳台等功能空间的配置、布局和交通组织；

附录A 住宅适用性能评定指标

A13 功能空间形状合理，起居室、卧室、餐厅长短边之比≤1.8   5分

释义：
右图中两种套型中的主要功能空间的形状均为矩形，且起居室、卧室、餐厅长短边之比≤1.8。

多边形、三角形及圆弧形等异形空间的平面设计利用效率低，不便布置家具，结构构造相对复杂，尤其在中小面积套型的住宅中不宜大量采用异形空间（如下图）。

主要居住空间的进深过大不利于采光和均匀通风，同时进深越大，室内交通穿越的流线越长，对提高空间的使用效率和布置家具不利。过于狭长的空间也易使人产生心理压迫感。故本条将矩形房间长短边之比定为≤1.8。

厨房、卫生间等功能空间的长短边之比不作硬性规定。

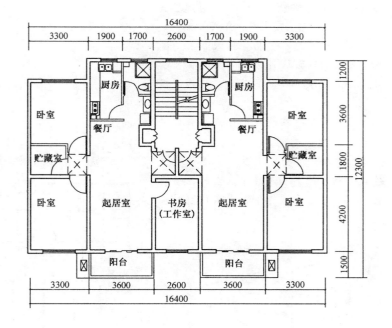

4.3.2 套内功能空间设置和布局（45分）的评定应包括下述内容：

1. 套内卧室、起居室（厅）、餐厅、厨房、卫生间、贮藏室、阳台等功能空间的配置、布局和交通组织；
2. 居住空间的自然通风、采光和视野；

附录A 住宅适用性能评定指标

A14 起居室（厅）、卧室有自然通风和采光，无明显视线干扰和采光遮挡，窗地面积比不小于1/7　　　　　　　　　　　　5分

A15 ☆每套住宅至少有1个居住空间获得日照。当有4个以上居住空间时，其中有2个或2个以上居住空间获得日照　　　　6分

释义：

A14条：《住宅设计规范》（2003年版）GB50096-1999第3.2节规定，起居室（厅）、卧室应有直接采光、自然通风。

窗地面积比：系指直接天然采光房间的侧窗洞口面积A_c与该房间地面面积A_d之比。在起居室和卧室中，窗地面积比$A_c/A_d \geq 1/7$。

图示方案存在视线干扰，且有日照遮挡。

A15条：每套住宅至少有1个居住空间获得日照。当有4个以上居住空间时，其中有2个或2个以上居住空间获得日照。

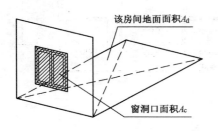

窗地面积比 $A_c/A_d \geq 1/7$

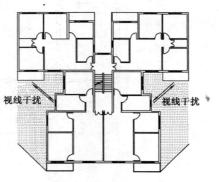

阴影部分表示前户对后户产生日照遮挡

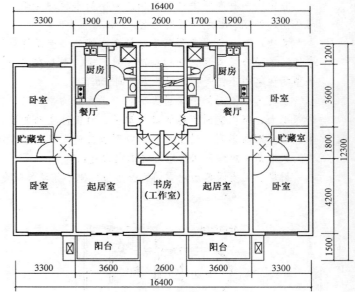

左侧套型有4个居住空间，其中3个能获得日照；
右侧套型有3个居住空间，其中2个能获得日照。

4.3.2 套内功能空间设置和布局（45分）的评定应包括下述内容：

1 套内卧室、起居室（厅）、餐厅、厨房、卫生间、贮藏室、阳台等功能空间的配置、布局和交通组织；
2 居住空间的自然通风、采光和视野；

附录 A 住宅适用性能评定指标

A16	起居室、主要卧室的采光窗不朝向凹口和天井	3分
A17	套内交通组织顺畅，不穿行起居室（厅）、卧室	3分
A18	套内纯交通面积≤使用面积的1/20	2分

释义：

A16条：左图中起居室的采光窗朝向凹口开启，日照、采光、通风均属不利。

A17条：左图中套内主要交通组织对起居室造成穿越、干扰，且流线较长。右图中套内交通组织较为短捷、顺畅，且不穿行起居室（厅）、卧室。

A18条：纯交通面积是指无法设置家具，为交通使用的通道和套内楼梯的面积，如过大，则居室空间的有效利用率较低。

使用面积是指房间实际能使用的面积，不包括墙、柱等结构构造和保温层的面积。[《住宅设计规范》（2003年版）GB 50096－1999，2.0.8条]

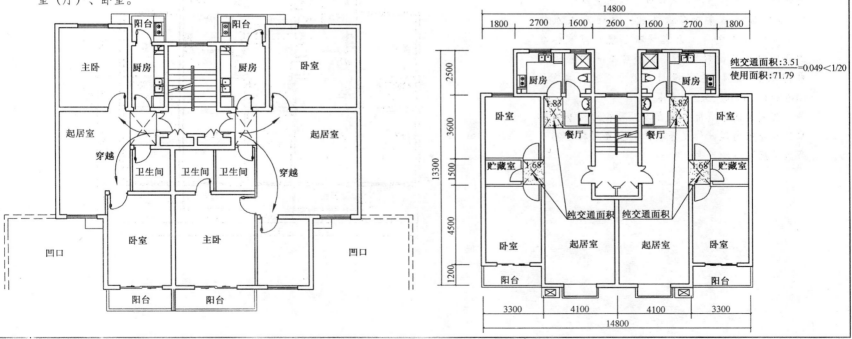

21

4.3.2 套内功能空间设置和布局(45分)的评定应包括下述内容：

1 套内卧室、起居室(厅)、餐厅、厨房、卫生间、贮藏室、阳台等功能空间的配置、布局和交通组织；
2 居住空间的自然通风、采光和视野；
3 厨房位置及其自然通风和采光。

释义：

A19条：厨房位置合理应从套内总体布局、设备和设施的安排来考虑，与餐厅联系紧密；不会对主卧、起居室造成流线、视线、噪声干扰和污染。当然还要符合《住宅设计规范》中提出的"厨房宜布置在套内近入口处"的布置思路。

A20条：本条为带☆条款，是评定A级住宅必备的条件之一。因它反映了现行国家标准中强制性条文的规定："厨房应有直接采光、自然通风"。[《住宅设计规范》(2003年版) GB50096－1999，3.3.2条]

右图示例中厨房布置方案，可视为"有直接采光和自然通风，位置合理，对主要居住空间不产生干扰"。

附录 A 住宅适用性能评定指标

A19 餐厅、厨房流线联系紧密　　　　　　　　2分
A20 ☆厨房有直接采光和自然通风，且位置合理，对主要居住空间不产生干扰　　　　　　　　3分

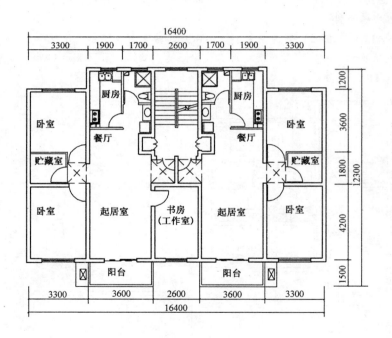

4.3.2 套内功能空间设置和布局（45分）的评定应包括下述内容：
1. 套内卧室、起居室（厅）、餐厅、厨房、卫生间、贮藏室、阳台等功能空间的配置、布局和交通组织；
2. 居住空间的自然通风、采光和视野；
3. 厨房位置及其自然通风和采光。

附录 A 住宅适用性能评定指标

A21 ★3个及3个以上卧室的套型至少配置2个卫生间　　　　　　　　　　　　　　2分

释义：

　　3个及3个以上卧室的套型至少配置2个卫生间，可以显著地提高住宅的适用性和居住质量。当设2个卫生间时，常做功能分工，即主卧专用和公（客）用。在位置及面积分配上有所区分，与其使用功能相适应。

　　该项为标有★的子项条文，是评定3A级的必备条件之一。

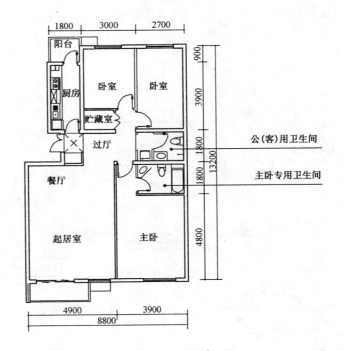

4.3.2 套内功能空间设置和布局(45分)的评定应包括下述内容:
1 套内卧室、起居室(厅)、餐厅、厨房、卫生间、贮藏室、阳台等功能空间的配置、布局和交通组织;
2 居住空间的自然通风、采光和视野;
3 厨房位置及其自然通风和采光。

附录A 住宅适用性能评定指标

A22 至少设1个功能齐全的卫生间　　　　　　2分

释义:

功能齐全指对居住者进行便溺、洗浴、盥洗等活动相对应的设施,即便器、淋浴龙头或浴盆和盥洗盆,具有这些设施即可认为功能齐全。

图中卫生间布置方案,放置有便器、浴盆(淋浴器)、盥洗盆,可视为"功能齐全的卫生间",本例中在卫生间前室内还考虑了洗衣机的位置。

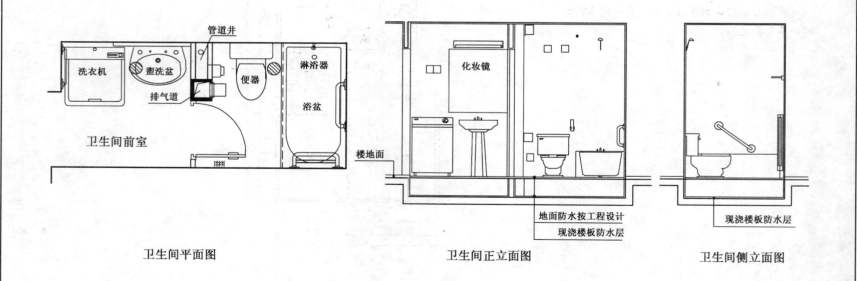

卫生间平面图　　卫生间正立面图　　卫生间侧立面图

4.3.3 功能空间尺度（30分）的评定应包括下述内容：

1 功能空间面积的配置；
2 起居室（厅）的连续实墙面长度；
3 双人卧室的开间；

附录A 住宅适用性能评定指标

A23	主要功能空间面积配置合理	7分
A24	起居室（厅）供布置家具、设备的连续实墙面长度≥3.6m	5分
A25	双人卧室开间≥3.3m	5分

释义：

A23条：主要功能空间合理的面积配置有正式文件规定者不多，所见有两类，一是对其低限值做出规定者见于《住宅设计规范》，另一是建设部住宅产业化促进中心发布的《国家康居示范工程建设节能省地型住宅技术要点》中指出了普通住宅功能空间的使用面积标准。现摘录如下：

常用开间、进深、使用面积

	开间(mm)	进深(mm)	使用面积(m²)
起居室	3900～4500	4200～5400	14.80～22.36
主卧	3600～3900	3900～5400	12.58～19.24
次卧	3000～3300	3000～4500	7.84～13.33
餐厅	2700～3000	3000～4500	9.25～12.04
厨房	1800～2700		≥5
卫生间			≥3(双卫≥6)

A24条：起居室（厅）的连续实墙面长度的确定，主要考虑能满足一组普通沙发的布置，故长度≥3.6m；

A25条：双人卧室中，床长约2000＋电视柜宽约600＋过道宽约600＝3200，故双人卧室开间需≥3.3m。

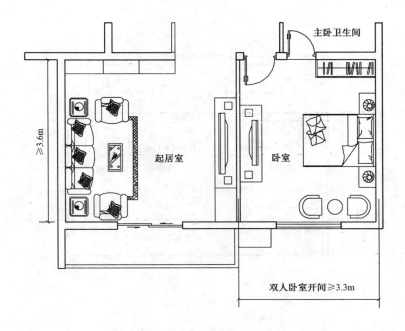

供布置家具、设备的连续实墙面长度≥3.6m

适用性能的评定　住宅套型

4.3.3 功能空间尺度(30分)的评定应包括下述内容：
　　4　厨房的操作台长度；

附录 A　住宅适用性能评定指标
　　A26　厨房操作台总长度≥3.0m　　　　　　　　4分

释义：
　　厨房操作台总长度指可用于炊事操作的台面长度总和，指洗、切、烧工序连续操作的有效长度，不含冰箱的宽度。

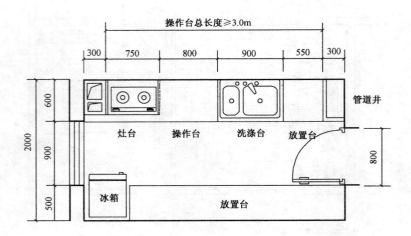

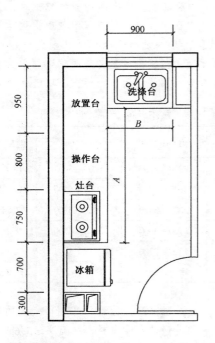

操作台总长度 $A+B \geqslant 3.0$m

26

4.3.3 功能空间尺度(30分)的评定应包括下述内容：
5 贮藏空间的使用面积；
6 功能空间净高。

附录 A 住宅适用性能评定指标

A27　贮藏空间(室)使用面积≥3m²　　　　　　　4分
A28　起居室、卧室空间净高≥2.4m,且≤2.8m　　5分

释义：

A27条：贮藏空间(室)系指可进入的用于贮物的空间，壁柜、吊柜属于家具类，不属此范围。如数量不只一个，其使用面积可累加。右图中两户贮藏室面积均大于3m²。

A28条：《住宅设计规范》GB 50096中规定："普通住宅层高宜为2.8m"，控制层高主要是在保证室内卫生标准和保证室内空气质量的前提下，满足住宅节地、节能、节材，节约资源。

层高：上下两层楼面或楼面与地面之间的垂直距离。

室内净高：楼面或地面至上部楼板底面之间的垂直距离。

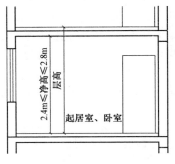

2.4m≤净高≤2.8m

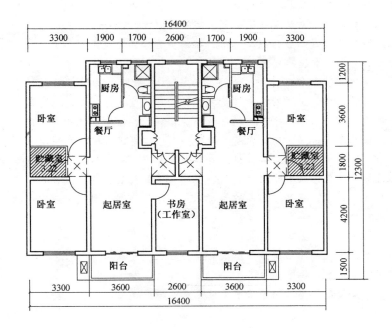

贮藏空间(室)使用面积≥3m²

4.4.1 建筑装修(25分)的评定应包括下述内容：
  1 套内装修；

附录A 住宅适用性能评定指标

A29 门窗和固定家具采用工厂生产的成型产品　　　2分

A30 装修做法

　　★Ⅱ装修到位　　　　　　　　　　　　　　15分

　　Ⅰ厨房、卫生间装修到位　　　　　　　　（10分）

释义：

住宅作为完整的产品应包括装修，将毛坯房交付给住户很难保证住宅整体的品质和二次装修不对主体结构产生破坏，因此为了保证住宅的品质，对新建住宅提倡土建装修一体化，以推广应用工业化装修技术，提高装修施工水平，向消费者提供精装修商品房，是今后住宅产业发展的方向。

住宅二次装修带来的"公害"是有目共睹的，如破坏房屋结构、资源浪费、施工扰民、污染环境、管理难度大等问题，同时购房者也饱受奔波劳累之苦。而把住宅装修到位，便于房地产开发商合理安排各种工序，减少浪费，减轻购房者的经济和心理负担。既节省工期又节约材料。装修由土建和装修专业人员进行设计，可以保证建筑主体结构的安全性，同时土建和装修交叉作业，节省了运输和人工成本，提高了施工效率，保证了工程质量，有利于建设节约型社会。

A29条：门窗和固定家具采用工厂生产的成型产品，有利于提高效率、保证部品质量和最终的安装质量。减少现场加工量，有利于减少工地废料和环境污染。

条文规定住宅的门窗采用工厂生产的成型产品，这在当前一般住宅建造工业化水平下都能做到，而住宅室内的固定家具(如壁柜、吊柜等)，如不是与装修一体考虑，很难做到采用工厂生产的成型产品，在评定中要予以注意。

A30条：当前在政府提倡住宅装修做法为精装修一次到位，即全装修交房做法中的两种形式。其一，厨房、卫生间装修到位，即考虑到厨房、卫生间部分的设备管线复杂，设备设施多，水、电、气俱全，为尽量减少住户二次装修管线改动带来的隐患而将厨、卫装修后交付使用。其二，住宅全装修到位。

具体做法上可以采用"菜单式"等方式来满足不同消费者的需求。一般来说，菜单式全装修住宅小区先按总体设计风格，按不同的房型设计出若干装修方案，业主可以选择不同的装修方案和不同品牌、型号及颜色的材料。购房者将获得一份列有墙地砖、厨柜、洗槽、浴缸、坐便器、油烟机、热水器、淋浴房等项目的明细清单，多数材料有2~5个可选型号。由于大量装修用材统一购买，进价大幅低于市场价，且大规模产业化的装修将大大缩短装修工期，降低人工消耗和施工成本，菜单式全装修住宅的装修成本一般低于传统二次装修成本。

一次装修到位为带★的条款，是评定3A等级的必备条件之一。

4.4.1 建筑装修(25分)的评定应包括下述内容：
2 公共部位装修。

释义：

A31条：根据申报项目在住宅公共部位装修所采用的装修做法的档次(包括用材、做法及效果)，参照同类建筑室内或外部装修的标准，对其作出的一般判别。判别的内容包括用材适度、美观大方、耐用易洁等。在住宅中其安全适用则更应予以关注。

门厅、楼梯间或候梯厅的装修应注重实用、美观、易清洁，装修档次应与住宅的档次相匹配。

A32条：住宅外部装修包括建筑外立面、单元入口等，装修应注重实用、美观、耐候、耐污染、易清洁，装修档次应与住宅的档次相匹配。

住宅外部装修评定等级可以分为以下三个档次：

Ⅲ 很好——材质与设计考究，施工与构造精良，能抵抗自然界的长期侵蚀，牢固安全耐用；

Ⅱ 好 ——用才适宜、施工质量好、牢固安全；

Ⅰ 较好——中档材质，施工与构造合理，牢固安全。

附录A 住宅适用性能评定指标

A31 门厅、楼梯间或候梯厅装修
　　Ⅲ 很好 4分　Ⅱ 好（3分）　Ⅰ 较好 （2分）

A32 住宅外部装修
　　Ⅲ 很好 4分　Ⅱ 好（3分）　Ⅰ 较好 （2分）

适用性能的评定　隔声性能

4.5.1 隔声性能(25分)的评定应包括下述内容：
1 楼板的隔声性能；

附录 A　住宅适用性能评定指标
A33　楼板计权标准化撞击声压级
　　★Ⅱ ≤ 65dB　　　　　　　　　　　　　　　　　　3分
　　　Ⅰ ≤ 75dB　　　　　　　　　　　　　　　　　　(2分)
A34　楼板的空气声计权隔声量
　　★Ⅲ ≥ 50dB　　　　　　　　　　　　　　　　　　3分
　　　Ⅱ ≥ 45dB　　　　　　　　　　　　　　　　　　(2分)
　　　Ⅰ ≥ 40dB　　　　　　　　　　　　　　　　　　(1分)

释义：

计权：人的听觉构造和心理因素使人对不同声音的感觉是不一样的，对不同频率声音的感觉存在很大差异，对中频敏感，而对低频不敏感。因此在声学测量中，为了能客观地反映人对声音的主观感觉，考虑人耳的频率响应，对直接声学测量结果进行计权化处理，使用计权网格对各种频率的声音进行不同的衰减处理，以使得到的测量结果与人的主观感觉一致。

楼板计权标准化撞击声压级的测试方法按照现行国家标准《建筑隔声测量规范》GBJ75进行。在被测试楼板上方放置一个标准撞击声源，在楼下接收室内测量某一规定频带的平均声压级 L_p，并加上室内吸声状况的修正项，得到标准化撞击声压级 L_n，根据 L_n 的大小评定时分为两档：

　　Ⅱ ≤ 65dB　　　3分
　　Ⅰ ≤ 75dB　　　(2分)

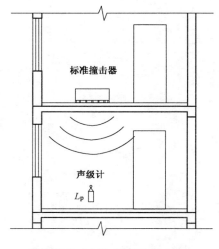

楼板撞击声压级测试方法示意

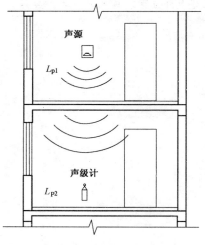

楼板空气声隔声量测试方法示意

楼板的空气声计权隔声量按照现行国家标准《建筑隔声测量规范》GBJ75进行，参照建筑外墙的隔声测量方法。在被测试楼板上方放置一个声源，测得声源室内的平均声压级 L_{p1}，在楼下接收室内测量某一规定频带的平均声压级 L_{p2}，两者之差，并加上室内吸声状况的修正项，得到空气声计权隔声量 R，根据 R 的大小评定时分为三档：

　　Ⅲ ≥ 50dB　　　3分
　　Ⅱ ≥ 45dB　　　(2分)
　　Ⅰ ≥ 40dB　　　(1分)

4.5.1 隔声性能(25分)的评定应包括下述内容：
2 墙体的隔声性能；

附录A 住宅适用性能评定指标

A35 分户墙空气声计权隔声量
　　★Ⅲ≥50dB　　6分　　Ⅱ≥45dB（4分）　Ⅰ≥40dB　　　　（3分）

A36 含窗外墙的空气声计权隔声量
　　Ⅲ≥40dB　　　3分　　Ⅱ≥35dB（2分）　Ⅰ≥30dB　　　　（1分）

A37 户门空气声计权隔声量
　　Ⅲ≥40dB　　　3分　　Ⅱ≥30dB（2分）　Ⅰ≥25dB　　　　（1分）

A38 与卧室和书房相邻的分室墙空气声计权隔声量
　　Ⅲ≥40dB　　　3分　　Ⅱ≥35dB（2分）　Ⅰ≥30dB　　　　（1分）

释义：

计权隔声量为A声压级差。分户墙、分室墙、含窗外墙、户门计权隔声量的测试方法按照现行国家标准《建筑隔声测量规范》GBJ75进行。

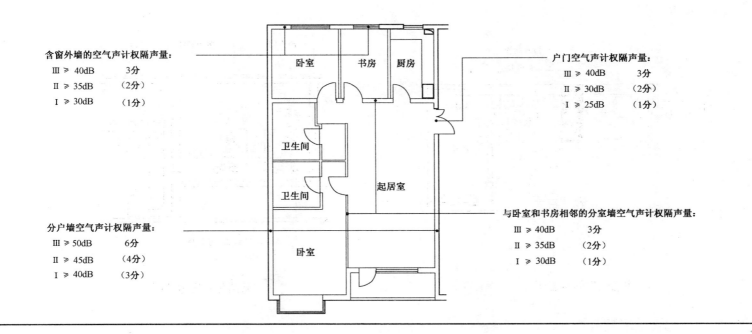

31

4.5.1 隔声性能(25分)的评定应包括下述内容：

3 管道的噪声量；

4 设备的减振和隔声。

附录A 住宅适用性能评定指标

A39 排水管道的平均噪声量≤50dB　　2分

A40 电梯、水泵、风机、空调等设备采取了减振、消声和隔声措施　2分

释义：

A39条：当采用塑料排水管时，排水管道冲水时的噪声会影响住户休息，如管道设在管道井里，将有效减轻此类噪声。

A40条：电梯、水泵、风机、空调等设备安装时应采取设减振垫、减振支架、减振吊架等减振措施，设备机房还应采取有效隔声降噪措施。

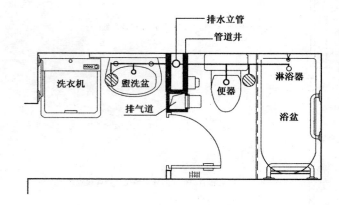

某住宅卫生间示意图

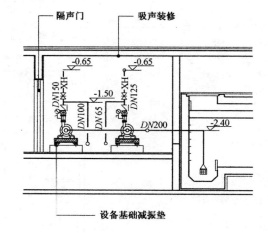

某消防泵房示意图

4.6.2 厨卫设备(17分)的评定应包括下述内容：
1 厨房设备配置；

附录 A 住宅适用性能评定指标

A41 厨房按"洗、切、烧"炊事流程布置,管道定位接口与设备
位置一致，方便使用　　　　　　　　　　　　　　　　3分
A42 厨房设备成套配置　　　　　　　　　　　　　　　　4分

释义：

A41条：要求在平面布局上，厨房应按"洗、切、烧"炊事流程顺序布置炊事设备和设施，避免因流程混乱造成生、熟食品的交叉污染，同时流程混乱也容易造成人移动距离的加长，从而引起操作人疲劳。

A42条：厨房设备成套配置是指厨房应配有橱柜、灶台、排油烟机、洗涤池、吊柜、调料柜等，并预留冰箱、微波炉等炊事设备的放置空间。对于装修到位的厨房，此项可得分。

未装修到位的厨房，要求预留管道接口应考虑炊事流程顺序方便将来与设备连接，并能减少支管段的长度。

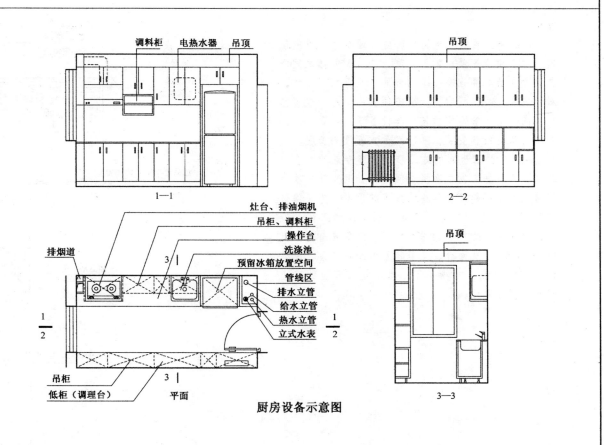

厨房设备示意图

4.6.2 厨卫设备(17分)的评定应包括下述内容：
    2 卫生设备配置；

附录 A　住宅适用性能评定指标

A43　卫生间平面布置有序、管道定位接口与设备位置一致，方便使用　　　　　　　　　　　　　　　3分

A44　卫生间沐浴、便溺、盥洗设施配套齐全　　4分

释义：

A43条：要求卫生间平面应布置有序、方便使用。对于供全家使用的卫生间，洗浴和便器之间或洗面和便器之间宜有一定的分隔，避免相互干扰，对于主卧(专用)卫生间，要方便使用。对于非装修到位的住宅，管道定位接口与设备预留位置一致，方便将来的设备安装，并能减少支管段的长度。

A44条：卫生间的施工涉及诸多专业的配合，二次装修容易引发很多质量问题，如卫生间二次装修造成漏水引起邻里纠纷的投诉就很多。为了保证卫生间的质量，卫生间应装修到位，纳入统一设计、统一施工的规范操作中。卫生设备齐全指浴缸(或淋浴盘)、洗面台、便器等基本设备齐备，配套设备有梳妆镜、贮物柜等。对于装修到位的卫生间，此项可得分。

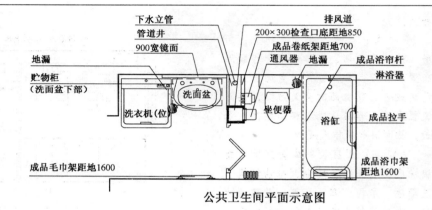

公共卫生间平面示意图

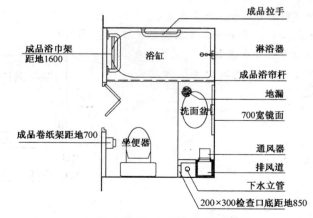

主卧（专用）卫生间平面示意图

4.6.2 厨卫设备(17分)的评定应包括下述内容：
3 洗衣机、家务间和晾衣空间的设置。

附录 A 住宅适用性能评定指标

A45 洗衣机位置合理，并设有洗衣机专用水嘴与地漏，有晾衣空间　　　　　　　　　　　　　　　　　3分

释义：

本条要求洗衣机应有固定的摆放位置，且方便使用。可视情况设于卫生间、厨房、阳台或家务间内。当设在卫生间时，应与其他卫生器具有一定的间隔。洗衣机的电源、水源、排水口应是专用的，且方便使用(见右图)。

有条件时可设专用的家务间。

晾晒衣物应考虑卫生的要求，因此最好安排在阳光能直晒的区域，如南面的阳台或露台。

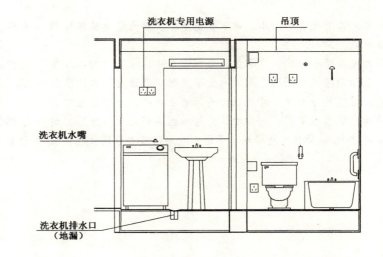

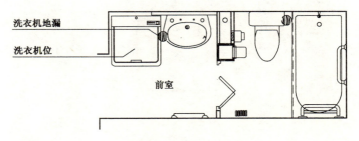

洗衣机位示意图

4.6.3 给排水与燃气系统(20分)的评定应包括下述内容：
    1 给排水和燃气系统的设置；

附录 A 住宅适用性能评定指标

    A46   给排水与燃气设备完备   2分

释义：

    住宅中应设有完善的给水、排水管道系统、燃气管道系统和相应的设备设施。

    住区的室外给水系统，应尽量利用城市市政给水管网的水压直接供水。当市政给水管网的水压、水量不足时，应设置贮水调节和加压装置。建筑内不同使用性质或计费的给水系统，应在引入管后分成各自独立的给水管网。高层建筑生活给水系统应竖向分区。建筑高度不超过100m的住宅生活给水系统，宜采用垂直分区并联供水或分区减压的供水方式。建筑高度超过100m的住宅，宜采用垂直串联供水方式。

    住宅的污水排水横管宜设于本层套内。当必须敷设于下一层的套内空间时，其清扫口应设于本层，并应进行夏季管道外壁结露验算，采取相应的防止结露的措施。

    使用燃气的住宅，每套的燃气用量，应至少按一个双眼灶和一个燃气热水器计算。每套应设置燃气表。安装在厨房内的燃气表其位置应有利于厨房设备的合理布置。

4.6.3 给排水与燃气系统(20分)的评定应包括下述内容：
 2 给排水和燃气系统的容量；

附录A 住宅适用性能评定指标
A47 给排水、燃气系统的设计容量满足国家标准和使用要求 2分

释义：

住宅生活给水系统的水源，无论采用市政管网，还是自备水源井，其水质均应符合国家现行标准《生活饮用水卫生标准》GB5749、《城市供水水质标准》CJ/T206的要求。当采用二次供水设施来保证住宅正常供水时，二次供水设施的水质卫生标准应符合现行国家标准《二次供水设施卫生规范》GB17051的要求。生活热水系统的水质要求与生活给水系统的水质相同。管道直饮水水质应满足行业标准《饮用净水水质标准》CJ94的要求。生活杂用水指用于便器冲洗、绿化浇洒、室内车库地面和室外地面冲洗的水，在住宅中一般称为中水，其水质应符合国家现行标准《城市污水再生利用 城市杂用水水质》GB/T18920、《城市污水再生利用 景观环境用水水质》GB/T18921和《生活杂用水水质标准》GJ/T48的相关要求。给水系统的水量、水压和排水系统的设置应符合国家现行标准《建筑给水排水设计规范》GB50015的要求和使用的要求。

为了保证燃气稳定燃烧，减少管道和设备的腐蚀，防止漏气引起的人员中毒，住宅用燃气应符合国家标准《城镇燃气设计规范》GB50028的相关要求。应特别注意的是，不应将用于工业的发生炉煤气或水煤气直接引入住宅内使用。

4.6.3 给排水与燃气系统(20分)的评定应包括下述内容：
3 热水供应系统，或热水器和热水管道的设置；

释义：

为提高生活质量，住宅应设室内热水供应，由于热源状况和技术经济条件不尽相同，可采用多种热水加热方式和供应系统，如电热水器、燃气热水器、太阳能热水器等，也可由小区集中供热水，在条件允许时可设24h集中热水供应系统，并应采用至少是干管循环系统(循环到户表前)，应保证配水点的最低水温，满足居住者的使用要求，配水点的水温应在打开用水龙头15s内达到使用水温。

若设户式热水系统并由用户自行购买时，应预留热水器设置位置，并安装好相应的管道，管道包括连接热水器和相应的用水器具的热水管和连接到热水器的燃气管道等，安装管道应预留好出墙的接头。

附录 A 住宅适用性能评定指标

A48 热水供应系统
  Ⅱ 设24小时集中热水供应，采用循环热水系统   4分
  Ⅰ 预留热水管道和热水器位置   （2分）

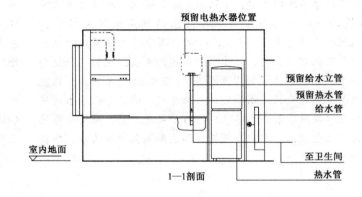

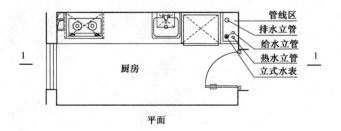

预留热水管道和热水器位置

4.6.3 给排水与燃气系统(20分)的评定应包括下述内容：

5 污水系统的设置；

附录 A 住宅适用性能评定指标
室内排水系统

A49	排水设备和器具分别设置存水弯，存水弯水封深度≥50mm	2分
A50	排水立管检查口设在管井内时，有方便清通的检查门或接口	1分
A51	不与会所和餐饮业的排水系统共用排水管，在室外相连之前设水封井	2分

释义：

A49条：地漏、存水弯的设置是排水系统安全卫生的重要保证，地漏、卫生器具排水、厨房排水、洗衣机排水等应分别设置存水弯，器具自带存水弯的除外。考虑到水封蒸发损失、自虹吸损失以及管道内气压变化等因素，卫生器具存水弯水封深度不得小于50mm。在住宅卫生间地面如设置地漏，应采用密闭地漏。洗衣机部位应采用能防止溢流和干涸的专用地漏。

A50条：为方便排水管道日常清通，排水立管检查口的设置应方便操作，立管设在管井里时，设有排水立管检查口的楼层应预留检查门和操作空间，或将检查口引在侧墙上。

A51条：住宅小区的会所和餐饮业的使用时间和污水性质与住宅污水有一定区别，为防止噪声、老鼠、蟑螂等对住户的影响，应尽量将两者的排水系统分开。厨房和卫生间的排水系统也应分别设置立管。

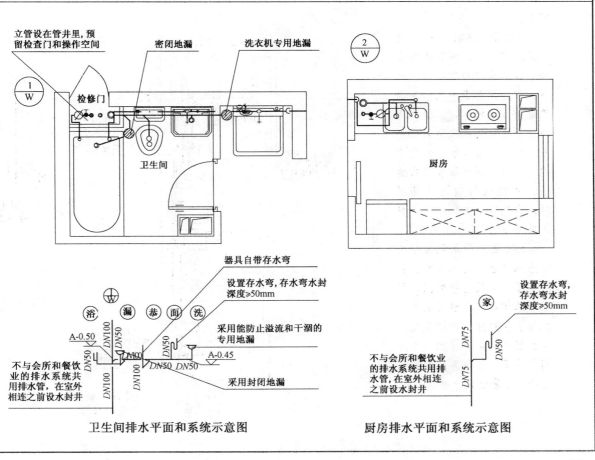

卫生间排水平面和系统示意图

厨房排水平面和系统示意图

4.6.3 给排水与燃气系统(20分)的评定应包括下述内容：
6 管道和管线布置。

附录A 住宅适用性能评定指标

A52 管道、管线布置采用暗装，布置合理；燃气管道及计量仪表暗装时，采用相应的安全措施　　2分
A53 厨房和卫生间立管集中设在管井内，管井紧邻卫生间和厨房布置　　2分
A54 户内计量仪表、阀门和检查口等的位置方便检修和日常维护　　2分
A55 给水总立管、雨水立管、消防立管和公共功能的阀门及用于总体调节和检修的部件，设在共用部位　　2分

释义：

A52条～A54条：住宅应设集中管井，管井内的各种管线、管道布置合理、整齐，管井设在卫生间、厨卫等管道集中的部位。避免出现主干管明装在住宅内的现象。户内计量仪表、阀门等的设置应方便检修和日常维护，当设在吊顶或管井里时，应预留检查门(口)，且位置方便操作。

A55条：为单元服务的给水总立管、雨水立管、消防立管和公共功能的阀门及用于总体调节和检修的部位应设置在户外，如地下室、单元楼道、室外管廊、室外阀门井里，使得系统维护、维修时不影响住户生活。

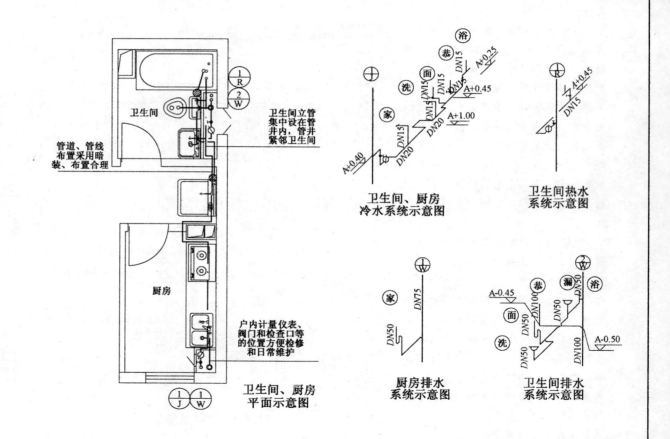

卫生间、厨房平面示意图

卫生间、厨房冷水系统示意图

卫生间热水系统示意图

厨房排水系统示意图

卫生间排水系统示意图

4.6.4 采暖、通风与空调系统(20分)的评定应包括下述内容：

1 居住空间的自然通风状态；
2 采暖、空调系统和设施；

附录A 住宅适用性能评定指标

A56 在自然状态下居住空间通风顺畅，外窗可开启面积不小于该房间地面面积的1/20   4分

A57 严寒、寒冷地区设置采暖系统和设备，夏热冬冷地区有采暖和空调措施，夏热冬暖地区有空调措施   2分

释义：

A56条：居住空间不得存在通风短路和死角部位，通风顺畅是指在夏季各外窗开启情况下，居室内部应有适当的自然风。

住宅能否获取足够的自然通风与通风开口面积的大小密切相关。一般情况下，当通风开口面积与地面面积之比不小于1/20时，房间可获得较好的自然通风。自然通风不仅与通风开口面积的大小有关，还与通风开口之间的相对位置密切相关。合理布置通风开口的位置和方向，有效组织与室外空气流通顺畅的自然通风。

A57条：严寒、寒冷地区设置的采暖系统应是集中采暖系统或户式采暖系统；夏热冬冷地区应设置的采暖和空调措施，可以是热泵式分体式空调，或有条件时设置集中采暖系统、户式采暖系统；夏热冬暖地区应有空调措施。温和地区的住宅，此条可直接得分。

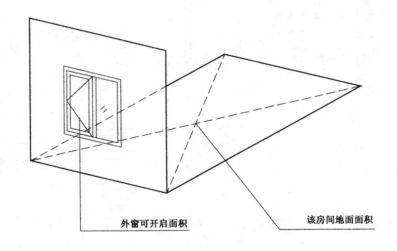

外窗可开启面积不小于该房间地面面积的1/20

4.6.4 采暖、通风与空调系统(20分)的评定应包括下述内容：
2 采暖、空调系统和设施；

附录 A 住宅适用性能评定指标

A58 空调室外机位置和风口等设施布置合理，冷凝水单独有组织排放 　　　　　　　　　　　　　1分

释义：
　　合理设置空调室外机、室内风机盘管、风口和相关的阀门管线，合理设置空调系统的冷凝水管、冷媒管，穿外墙时应对管孔进行处理，满足位置合理和美观的要求。冷凝水应单独设管道系统有组织排放或回收利用。

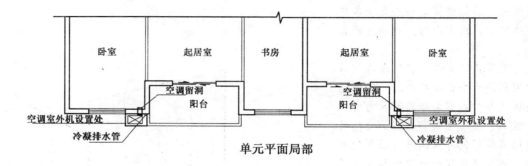

单元平面局部

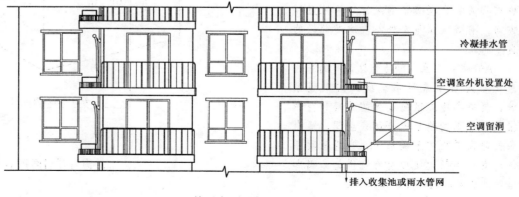

单元立面局部

4.6.4 采暖、通风与空调系统(20分)的评定应包括下述内容：

2 采暖、空调系统和设施；

附录A 住宅适用性能评定指标

A59 新风系统

Ⅲ 设有组织的新风系统,新风经过滤、加热加湿(冬季)或冷却去湿(夏季)等处理后送入室内,新风量≥每人每小时30m³。室内湿度夏季≤70%,冬季≥30%　　4分

Ⅱ 设有组织的新风系统,新风经过滤处理。新风量≥每人每小时30m³　　(3分)

Ⅰ 设有组织的换气装置　　(2分)

释义：

随着住宅外围护结构气密性能的提高，住宅新风的补给大多需要通过开窗通风来实现，开窗引入新风既无法保证新风的质量(包括洁净度、温湿度)，在采暖和空调季节又不利于节能，因此可根据舒适度要求的不同，与住宅档次匹配，分级设置新风系统或换气装置。

4.6.4 采暖、通风与空调系统(20分)的评定应包括下述内容：
　　3 厨房排油烟系统；

附录A 住宅适用性能评定指标

A60　厨房设竖向和水平烟(风)道有组织地排放油烟，竖向烟(风)道最不利点最大静压≤－1.0Pa，如达不到时，6层以上住宅在屋顶设机械排风装置　　　　3分

释义：
　　本条是解决住宅厨房的油烟排放问题。目前，厨房中排油烟机的排气方式有两种：一种是通过外墙直接排至室外，可节省空间并不会互相串烟，但存在有可能倒灌的问题，且对周围环境可能有不同程度的污染；另一种方式是排入竖向排气道，但在多台排油烟机同时运转的条件下，产生回流和泄露的现象时有发生。这两种排出方式，都尚待改进。从运行安全和环境质量等方面考虑，应采用竖向排气道，但应采取措施维持竖向烟(风)道中存在一定的负压。
　　竖向烟(风)道最不利点的最大静压是指在所有各楼层同时开启排油烟机的情况下，最不利层接口处的最大静压。如不满足要求，应在屋顶设免维护机械排风装置或集中机械排风装置，集中机械排风装置是指设置屋顶风机等供烟道排风的动力装置。高层住宅尤其应当设置上述设备。

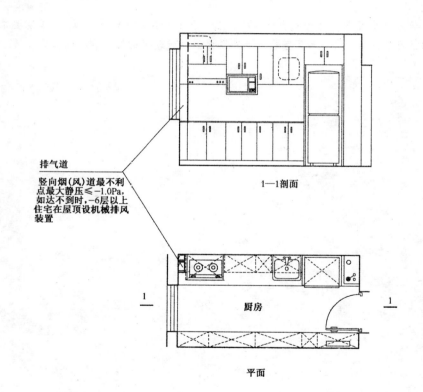

4.6.4 采暖、通风与空调系统(20分)的评定应包括下述内容：
　　4 卫生间排风系统。

附录A 住宅适用性能评定指标

　　A61　严寒、寒冷和夏热冬冷地区卫生间设竖向风道　　　2分
　　A62　暗卫生间及严寒、寒冷和夏热冬冷地区卫生间设机械
　　　　　排风装置　　　　　　　　　　　　　　　　　　　3分

释义：

　　A61条：严寒、寒冷和夏热冬冷地区卫生间应设置竖向风道，即使在冬季不开窗的情况下，也能利用竖向风道自然通风的作用快速排除卫生间内的污浊空气和湿气，能有效避免污浊空气和湿气进入其他室内空间。其他地区的明卫生间不作要求，此项可得分。

　　A62条：通风道自然通风的作用力，主要依靠室内外空气温差形成的热压，以及排风帽处的风压作用，其排风能力受自然条件制约。为了保证室内卫生要求，严寒、寒冷和夏热冬冷地区的卫生间应和暗卫生间一样设机械排风装置。其他地区的明卫生间不作要求，此项可得分。

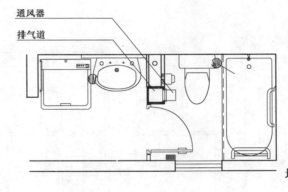

严寒、寒冷和夏热冬冷地区明卫生间平面示意图

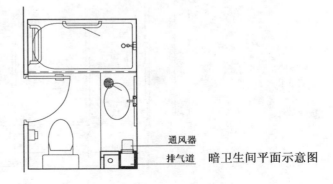

暗卫生间平面示意图

适用性能的评定　设备设施

附录 A　住宅适用性能评定指标

A63　采暖供回水总立管、公共功能的阀门和用于总体调节和
检修的部件，设在公共部位　　　　　　　　　　　1分

释义：

为便于维修和管理，不影响住宅套内空间的使用，采暖供回水总立管、公共功能的阀门和用于总体地调节和检修的部件，应设在公共部位（如公共楼梯间、公共走廊等处）。

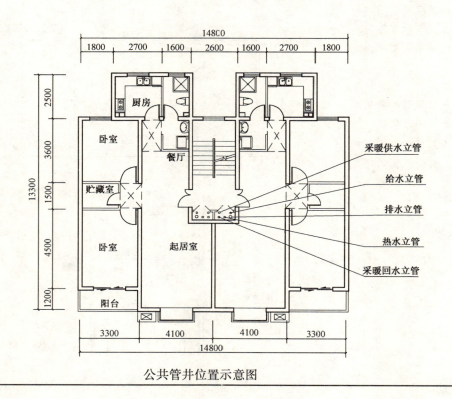

公共管井位置示意图

46

4.6.5 电气设备与设施(18分)的评定应包括下述内容：
1 电源插座数量；

附录A 住宅适用性能评定指标

A64 除布置洗衣机、冰箱、排风机械、空调器等处设专用单相三线插座外，电源插座数量满足：
- Ⅲ 起居室、卧室、书房、厨房≥4组；餐厅、卫生间≥2组；阳台≥1组　　6分
- Ⅱ 起居室、卧室、书房、厨房≥3组；餐厅、卫生间≥2组；阳台≥1组　　(5分)
- Ⅰ 起居室、书房≥3组；卧室、厨房≥2组；卫生间≥1组；餐厅≥1组　　(4分)

释义：

电源插座的数量以"组"为单位，插座的"一组"指一个插座板，其上可能有多于一套插孔，一般为两线和三线的配套组。为方便使用、保证用电安全，在用电设备不断增多的情况下，电源插座的数量应尽量满足需要，插座的位置应方便用电设备的布置。对于空调和厨房、卫生间内的固定专用设备，还应根据需要配置多种专用插座。

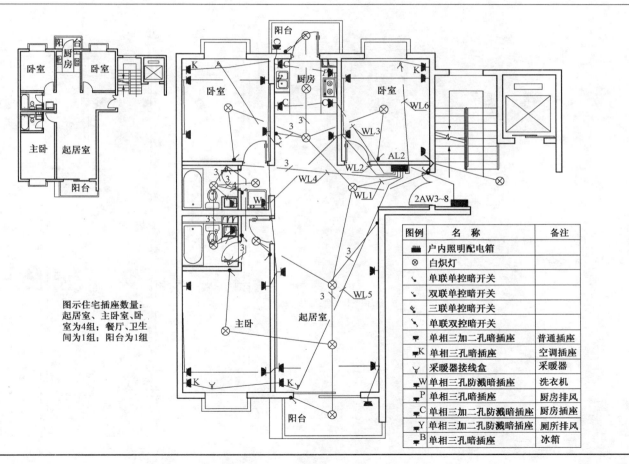

图示住宅插座数量：
起居室、主卧室、卧室为4组；餐厅、卫生间为1组；阳台为1组

4.6.5 电气设备与设施(18分)的评定应包括下述内容：
2 分支回路数；

附录 A 住宅适用性能评定指标

A65 每套住宅的空调电源插座、普通电源插座与照明应分路设计，厨房电源插座和卫生间设独立回路。分支回路数量为：

Ⅲ 分支回路数≥7，预留备用回路数≥3　　　　　　　　　　6分
Ⅱ 分支回路数≥6　　　　　　　　　　　　　　　　　　(5分)
Ⅰ 分支回路数≥5　　　　　　　　　　　　　　　　　　(4分)

释义：
　　对分支回路作出规定，可以使套内负荷电流分流，减少线路的升温和谐波危害，从而延长线路寿命和减少电器火灾危害。

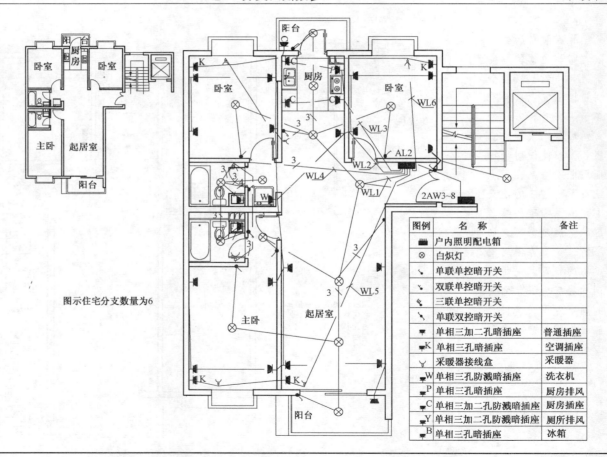

图示住宅分支数量为6

4.6.5 电气设备与设施(18分)的评定应包括下述内容：
  3 电梯的位置；

附录 A 住宅适用性能评定指标
电梯设置
A66 6层及以下多层住宅设电梯　　　　　　　　　　　　　2分
A67 ☆7层及以上住宅设电梯，12层及以上至少设2部电梯，其中
    1部为消防电梯　　　　　　　　　　　　　　　　　　　2分

释义：

A66、A67条对电梯设置作出规定。成年人上楼梯超过4层已感到辛苦，老年人及儿童更加困难，我国现行国家标准《住宅设计规范》GB50096规定7层及以上住宅必须设电梯，国外发达国家一般定为4层以上住宅设电梯，因此为提高住宅的舒适度，对多层住宅也提出设置电梯的要求。

消防电梯的联动控制应按规范要求进行设计、安装。消防电梯井按规范要求进行独立设置。消防电梯的机房一般都设于建筑顶部，部分高层建筑内的消防电梯与客梯合用电梯机房，相互之间应有有效的防火分隔；在电梯井壁上开设电缆、风管等穿墙孔洞应有及时封堵，否则火灾时消防电梯设备极易受到高温作用，导致瘫痪，从而影响电梯的正常使用。按国家防火设计规范，消防电梯要有可靠的备用电源。为了满足扑救和抢救伤员的需要，消防电梯载重量不得小于800kg，轿厢内净面积不得小于1.4m×1.4m。如达不到此要求，火灾时不能满足一个战斗班(8人)携带扑救设备时乘坐的需要，容易造成贻误战机。消防电梯前室门口应设置高4~5cm的漫坡，使灭火用水及时排走，防止水漫延至电梯，可能危及消防电梯的安全运行，影响使用。消防电梯的底部设排水设施。消防电梯的轿厢内应设置专用对讲电话。消防电梯在首层应设置消防队员专用的操作按钮。

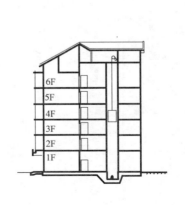
6层及以下多层住宅设电梯

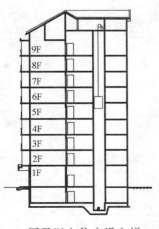
7层及以上住宅设电梯

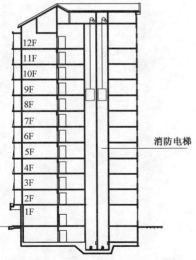
12层及以上住宅至少设2部电梯，其中1部为消防电梯

4.6.5 电气设备与设施(18分)的评定应包括下述内容：
   4 楼内公共部位人工照明。

附录 A 住宅适用性能评定指标

A68	楼内公共部位设人工照明，照度≥30lx　　　　1分
A69	电气、电信干线(管)和公共功能的电气设备及用于总体调节和检修的部件，设在共用部位　　　　1分

释义：

A68条：对于被照面而言，常用落在其单位面积上的光通量多少来衡量它被照射的程度，这就是常用的照度。照度表示被照面上的光通量密度，单位：勒克斯(lx)。一般来说，在40W白炽灯下1m处的照度约为30lx。

对公共部位的照明，本着节能和满足相应舒适度的要求，规定人工照明的照度≥30lx。住宅底层门厅和大堂的设计不应造成眩光现象。高效节能的照明产品的使用寿命和节能效果都高于普通产品，应提倡使用高效节能灯具。为了节能，还应该采用延时自闭、声控等节能开关。

A69条：为便于维修和管理，电气、电信干线(管)和公共功能的电气设备及用于总体调节和检修的部位，应设在共用部位。

4.7.2 套内无障碍设施(7分)的评定应包括下述内容：
1 室内地面；
2 室内过道和户门的宽度。

附录 A　住宅适用性能评定指标

A70	户内同层楼(地)面高差≤20mm	2分
A71	入户过道净宽≥1.2m，其他通道净宽≥1.0m	3分
A72	户内门扇开启净宽度≥0.8m	2分

释义：
　　住宅设计应以人为核心，除满足一般居住使用要求外，根据需要尚应满足老年人、婴幼儿、残疾人的特殊使用要求，无障碍设施满足这些需求。
　　A70条：户内同层楼(地)面应尽可能平整，尽量不要出现台阶和高差，以便于老人、儿童、残疾人行走。但卫生间、阳台等处有防溢水要求，允许高差≤20mm。
　　A71条：户内过道的宽度，既要考虑搬运大型家具的要求，也要考虑老年人、残疾人使用轮椅通行的要求。
　　A72条：户内门扇开启后净宽度指门扇开启后，门框内缘之间的水平距离。800mm的净宽能满足轮椅进出的要求。

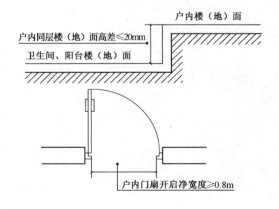

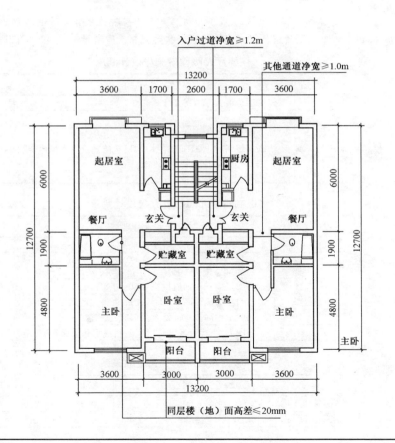

适用性能的评定　无障碍设施

4.7.3 单元公共区域无障碍设施(5分)的评定应包括下述内容：

1 电梯设置；
2 公共出入口。

附录A 住宅适用性能评定指标

A73 7层及以上住宅，每单元至少设一部可容纳担架的电梯，且为无障碍电梯 2分

A74 单元公共出入口有高差时设轮椅坡道和扶手，且坡度符合要求 3分

释义：
为方便残疾人、老人、婴儿和病弱人士的通行，要设置能容纳担架的电梯，且为无障碍电梯（以下表格均摘自《城市道路和建筑物无障碍设计规范》JGJ50-2001）。

候梯厅无障碍设施与设计要求

设施类别	设计要求
深 度	候梯厅深度大于或等于1.8m
按 钮	高度0.9～1.1m
电梯门洞	净宽度大于或等于0.9m
显示与音响	清晰显示轿厢上、下运行方向和层数位置及电梯抵达音响
标 志	1. 每层电梯口应安装楼层标志 2. 电梯口应设提示盲道

电梯轿厢无障碍设施与设计要求

设施类别	设计要求
电梯门	开启净宽度大于或等于0.80m
面 积	1. 轿厢深度大于或等于1.40m 2. 轿厢宽度大于或等于1.10m
扶 手	轿厢正面和侧面应设高0.80～0.85m的扶手
选层按钮	轿厢正面应设高0.90～1.10m带盲文的选层按钮
镜 子	轿厢正面高0.90m处至顶部应安装镜子
显示与音响	轿厢上、下运行及到达应有清晰显示和报层音响

坡道高度与水平长度的关系

坡度	1:20	1:16	1:12	1:10	1:8
最大高度(m)	1.50	1.00	0.75	0.60	0.35
水平长度(m)	30.00	16.00	9.00	6.00	2.80

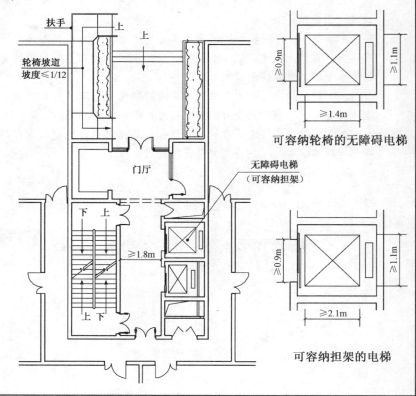

4.7.4 住区无障碍设施(8分)的评定应包括下述内容：
1 住区道路；
2 住区公共厕所；
3 住区公共服务设施。

附录 A 住宅适用性能评定指标

A75 住区内各级道路按无障碍要求设置，并保证通行的连贯性　　2分

A76 公共绿地的入口、道路及休息凉亭等设施的地面平整、防滑，地面有高差时，设轮椅坡道和扶手　　2分

释义：
住区内各级道路无障碍设计应包括居住区路的人行道、小区路的人行道、组团路的人行道、宅间小路的人行道。

公共绿地无障碍设计包括居住区公园、小游园、组团绿地、儿童活动场。

在《城市道路和建筑物无障碍设计规范》JGJ50－2001中要求，对住区内的所有人行道口及人行道与车行道相交会处都应考虑无障碍通行，人行道纵坡不宜大于2.5%；在通道设有台阶处应设轮椅坡道；各级道路及公共休息设施等交汇处路面应平整防滑不积水，如有高差，应设轮椅坡道和扶手(该规范6.1.2、6.2.2)，从而实现通行的连贯性。

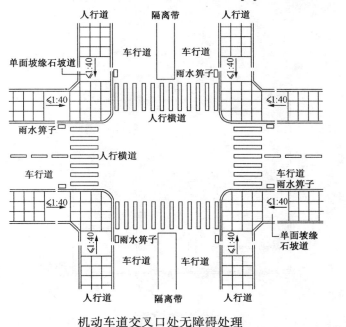

机动车道交叉口处无障碍处理

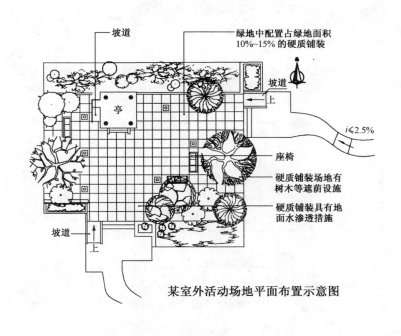

某室外活动场地平面布置示意图

适用性能的评定 无障碍设施	
4.7.4 住区无障碍设施(8分)的评定应包括下述内容： 　1　住区道路； 　2　住区公共厕所； 　3　住区公共服务设施。	**附录A**　住宅适用性能评定指标 A77　公共服务设施的出入口通道按无障碍要求设计　　　　2分 A78　公用厕所至少设一套满足无障碍设计要求的厕位和洗手盆　2分

释义：

　　A77条：公共服务设施的出入口通道按无障碍要求设计。出入口为无障碍通行时，坡度不应大于1:50，如有台阶也需设轮椅坡道。入口平台宽度应≥1.5m，相关内容详见《城市道路和建筑物无障碍设计规范》6.3.1、6.3.2及第7章有关条文规定。

　　A78条：本条所指公用厕所只设在住区公共设施中为住区外出活动居民或工作人员使用的设施。下图所示为能满足有一套厕位和洗手盆的无障碍厕位。

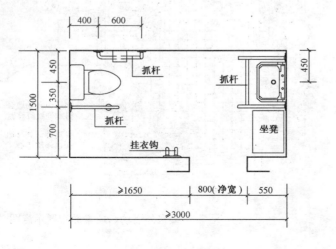

无障碍厕位平面图

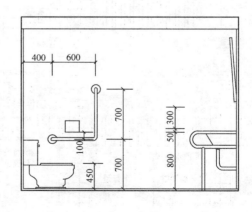

无障碍厕位立面图

环境性能的评定

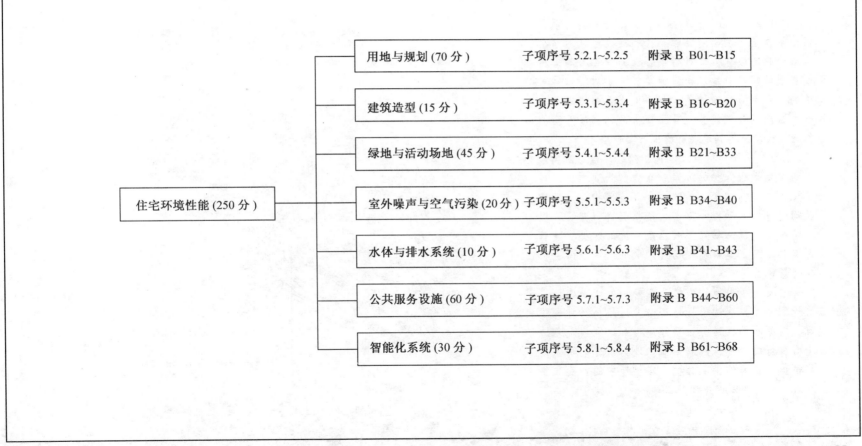

5.2.2 用地(12分)的评定内容应包括：
1 原有地形利用；
2 自然环境及历史文化遗迹保护；

附录 B 住宅环境性能评定指标
B01 因地制宜、合理利用原有地形地貌　　　　4分
B02 重视场地内原有自然环境及历史文化遗迹的保护和利用　　4分

释义：

B01条：结合场地的原有地形、地貌与地质，因地制宜地利用土地资源。控制建设活动对原有地形地貌的破坏，通过科学合理的设计与施工尽可能地保护原有地表土；地表径流不对场地地表造成破坏；减少对地下水与场地土壤的污染等。若住区周边环境优美，其主要房间、客厅开窗的位置、大小应有利于良好的视野与景观。

B02条：按照国家文物保护法规，确定对场地内的文物进行保护的方案。在人文景观方面，重视历史文化保护区内的空间和环境保护；对场地及周边环境的动植物原有生态状况进行调查，以尽量减少建设活动对原有生态环境的破坏。建筑形态和造型上尊重周围已经形成的人文空间、文化特色和景观。

右图为一山地住宅区，在规划的布局中，很好地利用了原有的山地地形布置道路、场地和建筑，对原有的河道经过整修后也加以利用。基地中有良好的植被，规划中很好地保留这些树木，营造出了良好的景观环境，对场地中的一处文物建筑也精心地保护并加以利用。

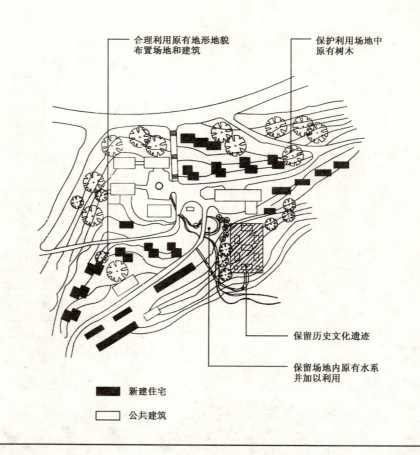

5.2.2 用地(12分)的评定内容应包括：

3 周边污染规避与控制。

附录B 住宅环境性能评定指标

B03 ☆远离污染源，避免和有效控制水体、空气、噪声、电磁辐射等污染　　4分

释义：

住区要远离污染源，避免污染源对住区产生水体、空气、噪声、电磁辐射等污染。

空气污染源是指排放空气污染物的设施或指排放空气污染物的建筑(如车间等)。远离污染源，避免住区内空气污染。本条还包括避免和有效控制水体、噪声、电磁辐射等污染。若住区附近或住区内存在污染源，且对居民生活造成影响，则不能评定为A级住宅。

本条为带☆条款，是评定A级住宅必备的条件之一。

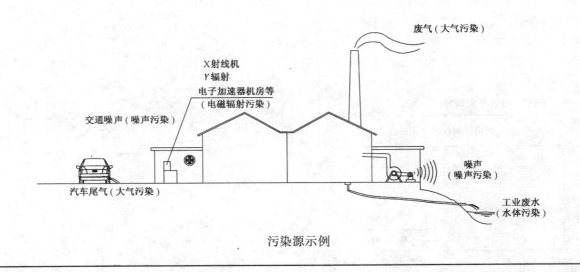

污染源示例

5.2.3 空间布局(18分)的评定内容应包括：
  1 建筑密度；

附录 B 住宅环境性能评定指标

B04 按照住区规模，合理确定规划分级，功能结构清晰，住宅建筑密度控制适当，保持合理的住区用地平衡　　4分

释义：
　　《城市居住区规划设计规范》GB50180-93中对居住区、小区、组团确定规划分级作了规定，实际规划中，由于住区规模、场地条件相差很大，也可按小区、组团分级。重要的是要确定适当的建筑密度。
　　住区的功能结构是根据住区的功能要求，综合地解决住宅与公共服务设施、道路、绿地、景观等相互关系而采取的组织方式。
　　右图中小区规模适中，总用地约11公顷，总建筑面积为14.9万 m^2（其中住宅建筑面积为13.5万 m^2），容积率为1.36，建筑密度22.5%，绿地率40%，总户数905户。
　　小区功能结构布局清晰合理，住宅、学校、商业和服务设施之间的布局关系恰当，既有分隔，又有联系。
　　小区建筑密度合理，有利于营造良好的住区空间环境。各部分用地比例合适，见下表。

某住区用地平衡表

	用　　地	面积(公顷)	所占比例(%)	人均面积(m²/人)
	居住区用地(R)	10.96	100	37.84
1	住宅用地(R01)	7.09	64.7	24.48
2	公建用地(R02)	1.96	17.9	6.77
3	道路用地(R03)	1.24	11.3	4.28
4	公共绿地(R04)	0.67	6.1	2.31

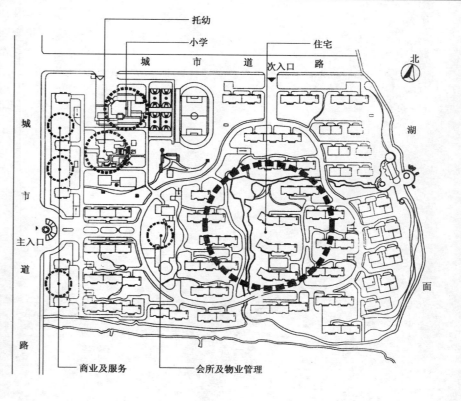

某住区功能结构示意图

5.2.3 空间布局(18分)的评定内容应包括：
  2 住栋布置；

附录B 住宅环境性能评定指标
B05 住栋布置满足日照与通风的要求、避免视线干扰　　6分

释义：

住栋间距满足《城市居住区规划设计规范》GB50180中关于住宅建筑日照标准的规定：

"5.0.2 住宅间距，应以满足日照要求为基础，综合考虑采光、通风、消防、防灾、管线埋设、视觉卫生等要求确定。"

住宅的日照间距应满足下表的要求：

住宅建筑日照标准

建筑气候区划	Ⅰ、Ⅱ、Ⅲ、Ⅶ气候区		Ⅳ气候区		Ⅴ、Ⅵ气候区
	大城市	中小城市	大城市	中小城市	
日照标准日	大寒日				冬至日
日照时数(h)	≥2		≥3		≥1
有效日照时间带(h)	8～16				9～15
日照时间计算起点	底层窗台面				

"5.0.2.2 正面间距，可按日照标准确定的不同方位的日照间距系数控制，也可采用右表不同方位间距折减系数换算。"

不同方位间距折减换算表

方位	0°～15°(含)	15°～30°(含)	30°～45°(含)	45°～60°(含)	>60°
折减值	1.0L	0.9L	0.8L	0.9L	0.95L

注：1. 表中方位为正南向(0°)偏东、偏西的方位角。
　　2. L为当地正南向住宅的标准日照间距(m)。
　　3. 本表指标仅适用于无其他日照遮挡的平行布置条式住宅之间。

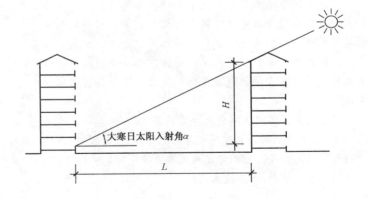

说明：H——遮挡建筑计算高度(m)；
　　　L——当地建筑日照间距(m)；
　　　底层窗台计算高度为0.9m。

5.2.3 空间布局(18分)的评定内容应包括：
  2 住栋布置；

附录 B　住宅环境性能评定指标
　　B05　住栋布置满足日照与通风的要求、避免视线干扰　　6分

释义：
　　住宅侧面间距，应符合下列规定：
　　（1）条式住宅，多层之间不宜小于6m；高层与中高层住宅之间不宜小于13m；
　　（2）高层塔式住宅、多层和中高层点式住宅与侧面有窗的各种层数住宅之间应考虑视觉干扰因素，适当加大间距。

　　在住区的住宅布置中，由于住栋拼接过长，或者为建筑空间的需要而采取的住宅围合布置形式等，都会对住栋的通风带来不利影响，形成住区局部风速过大，或者通风不畅，特别是以高层住宅为主的住区，可以运用风环境模拟的科技手段和方法，调整住栋的布置，优化住区通风的条件。

　　右图所示住区中住宅朝向为南偏东15°，单体间距均大于1.3h(当地日照间距)，住宅均为板式建筑，长度较短，有良好的日照通风条件。主要建筑与夏季主导风向角度合理，互相之间的遮挡较少，通风效果良好。

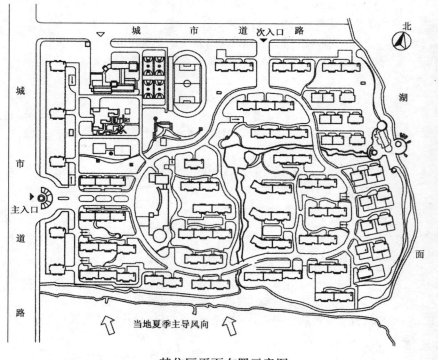

某住区平面布置示意图

5.2.3 空间布局(18分)的评定内容应包括：
　　3　空间层次；
　　4　院落空间。

附录B　住宅环境性能评定指标

B06	空间层次与序列清晰，尺度恰当	4分
B07	院落空间有较强的领域感和可防卫性，有利于邻里交往与安全	4分

释义：

　　B06条：空间层次与序列清晰、尺度恰当，是指住宅布置与组合的合理性，住区规划应尽可能形成层次清晰的室外空间序列。

　　右图中的住区临近湖面布置低层住宅，中部为多层住宅，北侧和西侧邻近城市道路的住宅为高层，空间布局层次清晰。使沿湖的景观资源得到了充分利用，优美的湖光水色得以向住区内部渗透。住区中住宅均为板式，长度较短，层数也不高，空间尺度宜人。

　　B07条：右图中的住区通过道路和水系将住宅分成几个组团，组团内建筑和道路形成良好的围合，有较强的领域感和可防卫性，有利于邻里交往和安全。

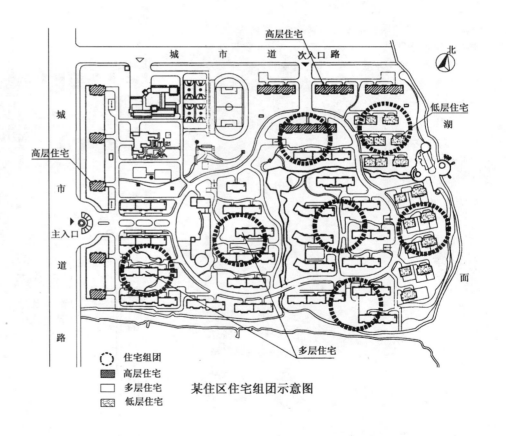

某住区住宅组团示意图

5.2.4 道路交通(34分)的评定内容应包括：
 1 道路系统构架；

附录 B 住宅环境性能评定指标
B08 道路系统构架清晰、顺畅，避免住区外部交通穿行，满足消防、救护要求；在地震设防地区，还应考虑减灾、救灾要求　　　　　　　　　　　　　　　6分

释义：

右图所示住区道路系统构架清晰，小区路、组团路、宅间路分级明确。交通合理，人流、车流区分明确，既具通达性又不受外来干扰，避免区外交通穿越并与城市公交系统有机衔接，道路通而不畅，并适于消防车、救护车、商店货车和垃圾车等的通行。

各级道路宽度的参考值（《城市居住区规划设计规范》GB50180 中的相关规定）：

小区路：路面宽 6～9m；建筑控制线之间的宽度，需敷设供热管线的不宜小于14m；无供热管线的不宜小于 10m；

组团路：路面宽 3～5m；建筑控制线之间的宽度，需敷设供热管线的不宜小于 10m；无供热管线的不宜小于 8m；

宅间小路：路面宽不宜小于 2.5m。

■ ■ ■ ■ 城市道路
┃┃┃┃┃┃ 小区路
━━━━━ 组团路
········ 宅间路

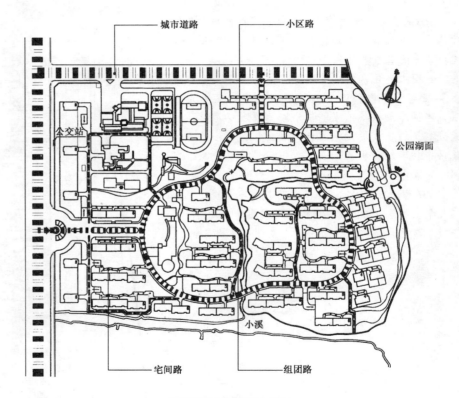

某住区道路系统示意图

5.2.4 道路交通(34分)的评定内容应包括：
2 出入口选择；

附录B 住宅环境性能评定指标
B09 出入口选择合理,方便与外界联系 　　　4分

释义：

机动车主出入口设置合理,方便与外界的联系,符合现行国家标准《城市居住区规划设计规范》GB50180的要求。机动车出入口的设置满足：(1)与城市道路交接时,交角不宜小于75°；(2)距相邻城市主干道交叉口距离,自道路红线交叉点起不小于80m,次干道不小于70m；(3)距地铁出入口、人行横道线、人行过街天桥、人行地道边缘不小于30m；(4)距公交站边缘不小于15m；(5)距学校、公园、儿童及残疾人等使用的建筑出入口不小于20m；(6)距城市道路立体交叉口的距离或其他特殊情况应由当地主管部门确定。

本例中,住区主要出入口开向西侧的城市干道,成为居民出行、购物、接送儿童的主要通道；次要出入口开向社区北侧,成为居民到住区北部就医、学生上下学的通道。

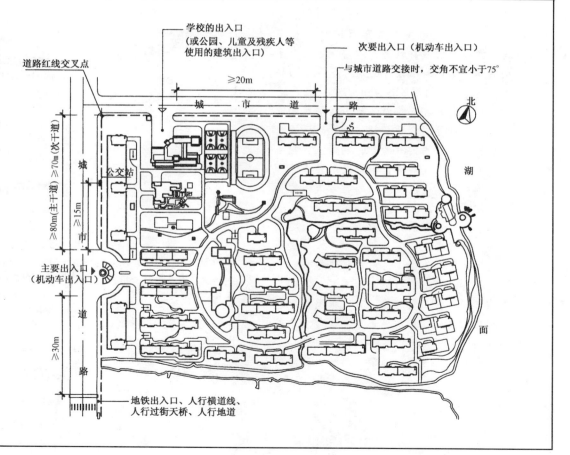

5.2.4 道路交通(34分)的评定内容应包括：
    3 住区道路路面及便道；

附录 B 住宅环境性能评定指标

B10 住区内道路路面及便道选材和构造合理   4分

释义：

住区内道路主要有车行道和人行便道，两者在面层材料选择和构造方面有不同的要求。道路的设计必须考虑各自的特点，选择合适的面层材料和构造做法。

车行道要求承载力较高，满足经常通行机动车的要求。面层材料要求耐压、耐磨性较好，常用的有沥青、混凝土、花岗岩、石板、水泥砖等，不要使用卵石等易损坏的材料。一般设置耐压能力较强的垫层，如混凝土、石灰粉煤灰稳定层等。

人行道主要供行人使用，承载力要求不高，形式可以丰富灵活一些。人行道面层材料的限制较少，可用的材料很多，常用的有各种石材、石板、卵石、水泥砖、烧结砖、木材、塑胶等。可以根据需要设置相应的垫层，如灰土垫层、混凝土垫层等，如果是透水地面，一般只设砂垫层。

右图是几种典型的车行路和人行路构造示意图。

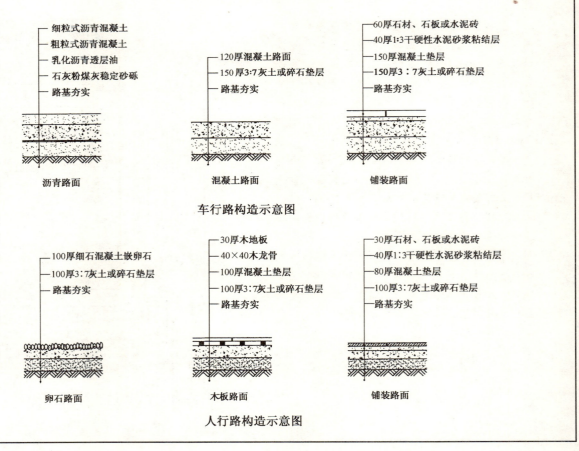

车行路构造示意图

人行路构造示意图

5.2.4 道路交通(34分)的评定内容应包括：
 4 机动车停车率；
 5 自行车停车位；

附录 B 住宅环境性能评定指标

B11	机动车停车率	
	★Ⅲ≥1.0，且不低于当地标准	8分
	Ⅱ≥0.6，且不低于当地标准	(6分)
	Ⅰ≥0.4，且不低于当地标准	(4分)
B12	自行车停车位隐蔽、使用方便	4分

释义：

B11条：机动车停车率是住区内停车位数量与居住户数的比率(%)：

$$机动车停车率(\%) = \frac{住区停车位总数}{住区总户数} \times 100\%$$

本条将机动车停车率分为三档：
 Ⅲ≥1.0，且不低于当地标准
 Ⅱ≥0.6，且不低于当地标准
 Ⅰ≥0.4，且不低于当地标准

其中第Ⅲ档为带★指标，是评定3A级住宅的必备条件之一。

附图中住区的总户数为905户，机动车停车位总数为540辆，以地下停车为主，机动车停车率为0.6辆/户，符合当地机动车停车位标准，可评为2A级。

B12条：我国住区自行车拥有量很大，应合理规划设计自行车停车位，方便居民使用。高层住宅自行车停车位可设置在地下室；多层住宅自行车停车位可设置在室外，自行车停车位距离主要使用人员的步行距离≤100m。自行车在露天场所停放，应划分出专用场地并安装车架，棚周边或场内进行绿化，使其荫蔽，避免阳光直射，但要有一定的领域感。若多层住宅在楼内设置自行车停放场，要求使用方便，且隐蔽。

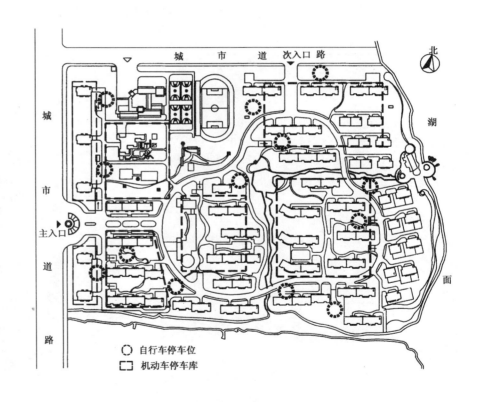

某住区停车示意图

5.2.4 道路交通(34分)的评定内容应包括：

6 标示标牌；
7 住区周边交通。

附录 B 住宅环境性能评定指标

B13 标示标牌

Ⅲ 出入口设有小区平面示意图，主要路口设有路标。各组团、栋及单元(门)、户和公共配套设施、场地有明显标志，标牌夜间清晰可见 4分

Ⅱ 主出入口设有小区平面示意图，各组团、栋及单元(门)、户有明显标志，标牌夜间清晰可见 (3分)

Ⅰ 各组团、栋及单元(门)、户有明显标志 (2分)

B14 住区周边设有公共汽车、电车、地铁或轻轨等公共交通场站，且居民最远行走距离<500m 4分

释义：

B13条：住区的标示标牌，包括住区的总平面（示意）图、路径的标识、住栋的名称、门牌号码，都应该给人以清晰的明示，方便居民和来访者，体现人性化。这是住区建设的一个极为重要的细部，应该认真加以设计。

B14条：住区居民出行，仍然以公共交通为主。一般情况下，步行500m以内约需5~10min，在生理和心理感受上并不觉得远。

5.2.5 市政设施(6分)的评定内容应为：
市政基础设施。

释义：
　　市政基础设施是保障居民正常生活的必备条件，对 A 级住区要求市政基础设施(包括供电系统、燃气系统、给排水系统与通信系统)必须配套齐全、接口到位。
　　本条为带☆条款，是评定 A 级住宅必备的条件之一。

附录 B　住宅环境性能评定指标

B15　☆市政基础设施(包括供电系统、燃气系统、给排水系统与通信系统)配套齐全、接口到位　　　　6分

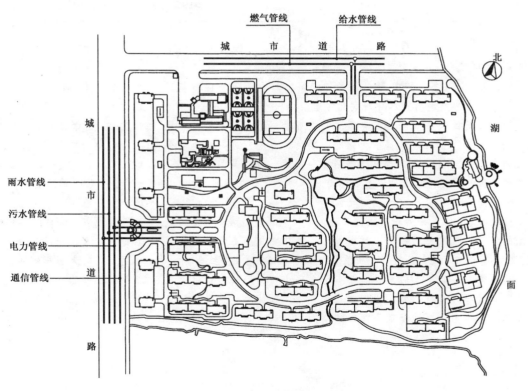

某住区市政接口示意图

5.3.2 造型与外立面(10分)的评定内容应包括:
1 建筑形式;
2 建筑造型;
3 外立面。

5.3.3 色彩效果(2分)的评定内容应为:建筑色彩与环境的协调。

附录 B 住宅环境性能评定指标

B16	建筑形式美观、体现地方气候特点和建筑文化传统,具有鲜明居住特征		3分
B17	建筑造型简洁实用		
B18	外立面	Ⅲ 立面效果好	4分
		Ⅱ 立面效果较好	(2分)
		Ⅰ 立面效果尚可	(1分)
B19	建筑色彩与环境协调		2分

释义:

B16条~B18条:建筑形式美观、新颖,具有现代居住建筑风格,能体现地方气候特点和建筑文化传统。

居住建筑的艺术处理,带有很强的主观性,不同专家的观点也会有一定差异,但其审美基础应该是一致的,在思想差异中也会存在共同点。在此仅对主要的审美原则作一简述。针对某具体项目,尚须靠每位专家依据自身的修养和与其他工程的比较中鉴别评判。

艺术处理原则简述如下:

1)注重外立面艺术处理的内涵:能反映时代风貌;表现一定历史时期的经济、技术发展水平;反映地域、民族文化历史传统,将地域、民族特色与现代的新材料、新技术、新的艺术手法完美结合。

2)完美的外部艺术形象是内部空间合乎逻辑的反映。运用住宅内部空间较小的特点,利用小型阳台和外窗的韵律感创造亲切的生活气息。不应为了立面处理影响内部空间的日照、采光、通风、保温、隔热等功能。

3)完美的住宅建筑造型在于均衡稳定的体量、良好的比例和合适的尺度。从顶部处理,墙身主体到基部要追求统一协调的比例、尺度、色彩、质感等规律性处理。

4)集合式住宅是大量性建造的建筑,在立面处理上应注重简约、节俭,避免繁琐、奢华,追求简洁和适用。

B19条:建筑材料的色彩和质感对住宅本身及周围环境的形式美有十分重要的作用。住宅建筑一般都以较浅的、明快的调和色(如浅黄、浅灰、浅蓝绿、浅咖啡等)为主要基调,而将强烈的、鲜艳的对比色在大面积浅色基调上重点使用以取得"点睛"、"提神"的作用。同时大面积的浅色主调也取得了住区的和谐、温馨、亲切的氛围,不同的质感(粗糙、光滑)也取得不同的光感,使立面更加生动。总的来说住宅群的色彩变化应融入城市中的具体环境,既能与周围的建筑、山林水色和谐共处,又能为城市环境增色。

5.3.4 室外灯光(3分)的评定内容应为:
室外灯光与灯光造型。

附录 B 住宅环境性能评定指标

B20 有较好的室外灯光效果,避免对居住生活造成眩光等干扰;在城市景观道路、景观区范围内的住宅有较好的灯光造型　　3分

释义:

住区室外灯光设置主要有两类,一是可视性照明,二是制造景观效果的夜景照明。前者一般用于住区机动车及人行道路、主要出入口和人员活动场地等处;后者主要用于住区中心绿地、会所公建、小游园、雕塑、水池景观小路等处。

对于可视性照明应重点强调照度要求及均匀性,同时选用具有观赏性的灯柱和灯具,多采用高压钠灯、汞灯、金属卤化物灯(根据光色要求选择)等光源。

对于景观照明的设计原则应注意以下几点:

1)利用不同照明方式(如建筑轮廓灯、霓虹灯、泛光投射灯等),设计出光的构图,以显示建筑、雕塑等的轮廓、体量,远观能看清楚其形象,近看能辨别其材料、质地和细部,使建筑、雕塑、小品等产生立体感,并与周围环境配合或形成对比效果;

2)利用光源的显色使光与环境绿化融合,以显示出树木、草坪、花坛等的翠绿、鲜艳、清新的感觉;

3)对于喷泉水池要保证足够的亮度,以突出水花的动态,并利用色光照明使飞溅的水花绚丽多彩;对于水面则要反映灯光的倒影和水面的动态;

4)对于住宅本身及宅间绿化,则不应采用过高亮度的照明或自下而上的泛光投射照明,避免对居民夜间静谧的生活造成干扰。

5.4.2 绿地配置(18分)的评定内容应包括： 1 绿地配置； 2 绿地率； 3 人均公共绿地面积；	**附录 B 住宅环境性能评定指标** B21 绿地配置合理，位置和面积适当，集中绿地与分散绿地相结合　　　4分 B22 绿地率 　　Ⅱ ≥35%　　　　　　　　　　　　　　　　　　　　　　　　　6分 　　☆Ⅰ ≥30%　　　　　　　　　　　　　　　　　　　　　　　　(4分) B23 人均公共绿地面积(m²/人) 　　Ⅲ 组团≥1.0、小区≥1.5、居住区≥2.0　　　　　　　　　　　　6分 　　Ⅱ 组团≥0.8、小区≥1.3、居住区≥1.8　　　　　　　　　　　　(4分) 　　Ⅰ 组团≥0.5、小区≥1.0、居住区≥1.5　　　　　　　　　　　　(3分)

释义：

B21条：住区内绿地包括公共绿地、宅旁绿地、配套公建所属绿地和道路绿地等。绿地规划应根据住区的规划布局形式、环境特点及用地的具体条件，采用集中与分散相结合，点、线、面相结合的绿地系统。并宜保留和利用规划范围内的已有树木和绿地。

绿地率是指住区用地范围内各类绿地面积的总和占住区用地的比率(%)。绿地应包括：公共绿地、宅旁绿地、公共服务设施所属绿地和道路绿地(即道路红线内的绿地)，其中包括满足当地植树绿化覆土要求、方便居民出入的地下或半地下建筑的屋顶绿地，不应包括屋顶、晒台的人工绿地。(摘自《城市居住区规划设计规范》GB50180－93(2002版)第2.0.23条)

各类绿地的计算规则参见现行国家标准《城市居住区规划设计规范》GB50180中的规定。

B22条：根据绿地率的大小分为两档：
Ⅱ ≥35%　　　　6分
Ⅰ ≥30%　　　　(4分)

其中第Ⅰ档为带☆条款，为评定A级住宅必备的条件之一。

B23条：公共绿地是指满足规定的日照要求、适合于安排游憩活动设施的、供居民共享的集中绿地，应包括居住区公园、小游园和组团绿地及其他块状带状绿地等。公共绿地的设置和计算规则参见现行国家标准《城市居住区规划设计规范》GB50180中的规定。

根据住区内人均占有的公共绿地(m²/人)的多少，划为三档：
Ⅲ 组团≥1.0、小区≥1.5、居住区≥2.0　　　6分
Ⅱ 组团≥0.8、小区≥1.3、居住区≥1.8　　　(4分)
Ⅰ 组团≥0.5、小区≥1.0、居住区≥1.5　　　(3分)

5.4.2 绿地配置(18分)的评定内容应包括：

  4 停车位、墙面、屋顶和阳台等部位绿化利用。

附录 B 住宅环境性能评定指标

B24 充分利用建筑散地、停车位、墙面(包括挡土墙)、平台、屋顶和阳台等部位进行绿化，要求有上述6种场地中的4种或4种以上　　　　　　　　　　　　　　　　　　2分

释义：

住区内建筑散地、墙面(包括挡土墙)、平台、屋顶、阳台和停车场6种场地应充分绿化，既可增加住区的绿化量，又不影响建筑及设施的使用。平台绿化要把握"人流居中，绿地靠窗"的原则，即将人流限制在平台中部，以防止对平台首层居民的干扰，绿地靠窗设置，并种植一定数量的灌木和乔木，减少户外人员对室内居民的视线干扰。屋顶绿地分为坡屋面和平屋面绿化两种，应种植耐旱、耐移栽、生命力强、抗风力强、外形较低矮的植物。坡屋面多选择贴伏状藤本或攀缘植物。平屋顶以种植观赏性较强的花木为主，并适当配置水池、花架等小品，形成周边式和庭园式绿化。停车场绿化可分为：周界绿化、车位间绿化和地面绿化及铺装。总之，本条评定内容遵循"可绿化的用地均应绿化"的要求提出。

屋顶绿化

墙面绿化

停车位绿化

平台绿化

5.4.3 植物丰实度及绿化栽植(19分)的评定内容应包括：
1. 人工植物群落类型；
2. 乔木量；
3. 观赏花卉；

附录 B 住宅环境性能评定指标

B25	乔木—草本型、灌木—草本型、乔木—灌木—草本型、藤本型等人工植物群落类型3种及以上，植物配置多层次	2分
B26	乔木量≥3株/100m²绿地面积	4分
B27	观赏花卉种类丰富，植被覆盖裸土	2分

释义：

B25条：充分发挥植物的各种功能和观赏特点，合理配置，常绿与落叶、速生与慢生相结合，构成多层次的复合生态结构，达到人工配置的植物群落自然和谐。栽植多类型植物群落和植物配置的多层次，有助于增加绿量，可一定程度上减少环境绿化养护费。

B26条：乔木是绿地中的骨干植物，无论在功能上，还是在艺术上，都起着主导作用。乔木的养护要求不高，灌溉用水量较少，而且单位面积的"绿量"较大，夏季遮荫效果好。因此，绿地中乔木的数量在一定程度上反映了绿地的功能质量。

乔木数量≥3株/100m²的指标要求可按整个住区来计算，即总乔木量/总绿地面积。实施中可采取大、中、小乔木相互搭配进行栽植。但是在工程中移植老龄名木的现象是应该避免的，一是会破坏名木所在地的生态平衡，二是移植老龄名木的死亡率很高，运输费用和养护费用也很多。

B27条：花卉是指姿态优美、花色艳丽、花香馥郁，具有观赏价值的木本和草本植物。花卉可分为一年生、二年生、多年生（又称宿根花卉）、球根花卉、水生花卉等五种：

一年生花卉如鸡冠花、凤仙花、波斯菊、万寿菊等；

二年生花卉如金盏花、七里黄、花叶羽衣甘蓝等；

多年生花卉如芍药、玉簪、萱草等；

球根花卉如大理花、菖蒲、晚香玉等；

水生花卉如荷花、睡莲、浮萍、菱角等。

花卉可与雕塑、小品、喷泉等组合在一起栽植，也常用绿篱植物，如经修剪的黄杨类、侧柏类、女贞类和草坪作为花卉的"背景"，共同组织成花坛，花坛群或花境，具有很高的观赏效果。

在住区的各种绿地内除硬质铺地以外，均应以各类植被或陶粒、树皮等覆盖，不应有裸露的土地。

5.4.3 植物丰实度及绿化栽植(19分)的评定内容应包括：

4 树种选择；

附录 B 住宅环境性能评定指标

B28 选择适合当地生长与易于存活的树种，不种植对人体有害、对空气有污染和有毒的植物　　　　2分

释义：

　　树种规划是住区种植设计的一个重要组成部分，住区绿化的主体是树木，只有选择合适的树木，恰当的搭配，才能营造丰富多彩的环境。

　　树种选择一般遵循以下原则：

　　1) 以乡土树种为主。乡土树种在当地适应性强，长势良好，苗源多，成活率高，成本也较低，又有地方特点。也可适当引种一些本地缺少、又能适应本地环境，观赏价值高的树种，但必须经过适应性驯化才能使用。

　　2) 选择抗性强的树种。抗性强是指树木对酸、碱、旱、涝、风沙及土壤等有较强的适应性，对病虫害、烟尘及有毒气体的抵抗力强。

　　3) 速生与慢生相结合，近期以速生树为主。速生树(如杨、桦等)早期绿化效果较好，但寿命较短；慢生树(如柏、樟、银杏等)多年才可见效，但寿命长。

　　有些植物会对环境造成污染和毒害：如春季的杨絮、柳絮会大范围污染环境；凌霄、夹竹桃的枝叶含有毒素；易生病虫害及结浆果的植物如柿树、桑树等；有刺的树木如黄刺玫、蔷薇等；以及有刺激性气味的易引起过敏反应的植物如漆树。种植时尽量避免这些植物的危害，尤其不能在幼儿园、中小学周围种植这些植物。

　　近年来，通过品种改良使一些原本有害的树木变得基本上没有危害了，例如毛白杨通过改良后基本不飞絮了。这些原本有害的树种，如果能够选择其中无害化的品种，也是可以用于住区的绿化中的。

5.4.3 植物丰实度及绿化栽植(19分)的评定内容应包括：
5 木本植物丰实度；
6 植物长势。

附录 B 住宅环境性能评定指标
B29 木本植物丰实度
　　　Ⅲ 6分　　Ⅱ (4分)　　Ⅰ (3分)
B30 植物长势良好，没有病虫害和人为破坏，成活率98%以上
　　　　　　　　　　　　　　　　　　　　　　　3分

释义：

植物丰实度的概念是近来提出的，主要是指小区环境中人工植物群落植物类型和组成层次的多样性。住区内的植物应该形成一个多层次的群落，不同树种的生态要求形成一个彼此相互依存的生态环境，使它们作为一个整体来抵御自然环境中的不利影响（如病虫害），达到共同繁荣的目的。同时，不同种类、不同形态的大乔木、小乔木、大灌木、小灌木形成不同的层次，不同的季节形成丰富多彩的景观。

B29条：丰实度的主要指标是植物的种类，木本植物构成了绿化的主体，因此，根据我国不同地区、不同的地理气候环境，对木本植物种类作出了相应要求，本条根据木本植物的种类分为三个档次，详见右表。

B30条：主要是针对住区建成以后的绿化养护工作的要求，体现物业的绿化维护水平。本条应在终审阶段对已建成的住区现场进行检查评审。主要涉及到绿化栽植苗木质量，物业的养护水平(如灌溉、修剪、喷药等)，也涉及到住区绿地的规划设计(如绿化布置合理，活动场地、人行步道、座椅的位置合理，减少居民对绿化的穿行与践踏等)。

木本植物种类要求

级 别	地 区	数 量	得 分
Ⅲ	华北、东北、西北地区	≥32种	6分
	华中、华东地区	≥48种	
	华南、西南地区	≥54种	
Ⅱ	华北、东北、西北地区	≥25种	(4分)
	华中、华东地区	≥45种	
	华南、西南地区	≥50种	
Ⅰ	华北、东北、西北地区	≥20种	(3分)
	华中、华东地区	≥40种	
	华南、西南地区	≥45种	

5.4.4 室外活动场地(8分)的评定内容应包括：
1 硬质铺装；
2 休闲场地的遮荫措施；
3 活动场地的照明设施。

附录 B 住宅环境性能评定指标

B31	绿地中配置占绿地面积 10%～15%的硬质铺装	3分
B32	硬质铺装休闲场地有树木等遮荫措施和地面水渗透措施	3分
B33	室外活动场地设置有照明设施	2分

释义：

B31条：绿地中需要设置一部分供人活动的硬质铺装场地，这样绿地才能更好地与人接触，利用效率才能得到充分的发挥。过多的硬质铺装会侵占绿化的空间，降低绿地的作用，过少的硬质铺装使人无法接近绿地，降低使用率。合理的硬质铺装的比例是 10%～15%。

B32条：有硬质铺装的休闲场地要有树木、亭、廊等遮荫措施，减少对硬质铺装太阳辐射热，为居民创造一个可以停留、活动、休憩的空间环境。

硬质铺装设置透水地面是雨水回渗的一种主要方式，常用两种方式：现浇透水性混凝土(透水性水泥混凝土和透水性沥青混凝土)和铺装透水性路面砖，雨水可以通过路面迅速渗入地下。

B33条：室外活动场地的照明灯具既可以美化环境，又可以为夜间活动提供安全保证，灯光还可以用来强调特定的景观如喷泉、雕塑小品、景墙等。有台阶处或植物浓密处须有一定的照度来保证安全。

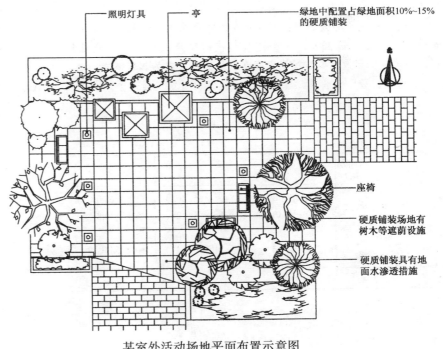

某室外活动场地平面布置示意图

5.5.2 室外噪声(8分)的评定内容应包括：

1 室外等效噪声级；
2 室外偶然噪声级。

附录B 住宅环境性能评定指标

B34 等效噪声级
 Ⅲ 白天≤50dB(A)；黑夜≤40dB(A) 4分
 Ⅱ 白天≤55dB(A)；黑夜≤45dB(A) (3分)
 Ⅰ 白天≤60dB(A)；黑夜≤50dB(A) (2分)

B35 黑夜偶然噪声级
 Ⅲ ≤55dB(A) 4分　　Ⅱ ≤60dB(A) (3分)　　Ⅰ ≤65dB(A) (2分)

释义：

B34条：关于等效声级：实际存在的噪声往往是有起伏的变化。等效声级使用单位值表示一个连续起伏的噪声。按噪声的能量计算，该单位值等效于整个观察期间在现场实际存在的起伏噪声。

B35条：关于黑夜偶然噪声级：噪声评价量仅仅描述噪声本身大小，而噪声评价方法是要说明人们感受噪声刺激的前后联系，并且通过对特定的噪声性质(纯音成分、持续时间、脉冲或间歇特征)及所侵扰的环境(背景噪声、地区类型等)进行修正。由于人们对夜间的噪声比较敏感，因此对夜间出现的噪声级，均以比实际值高出10dB来处理，体现了一种补偿修正的评价方法。

分项＼等级	Ⅲ	Ⅱ	Ⅰ
等效噪声级	白天≤50dB(A) 黑夜≤40dB(A)	白天≤55dB(A) 黑夜≤45dB(A)	白天≤60dB(A) 黑夜≤50dB(A)
黑夜偶然噪声级	≤55dB(A)	≤60dB(A)	≤65dB(A)
得分	4分	(3分)	(2分)

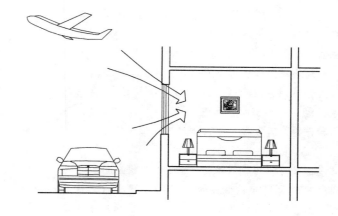

5.5.3 空气污染(12分)的评定内容应包括：
1 排放性局部污染源；
2 开放性局部污染源；
3 辐射性局部污染源；
4 溢出性局部污染源；
5 空气污染物浓度。

附录 B 住宅环境性能评定指标

B36	无排放性污染源或虽有局部污染源但经过除尘脱硫处理	3分
B37	采用洁净燃料，无开放性局部污染源	2分
B38	无辐射性局部污染源	2分
B39	无溢出性局部污染源，住区内的公共饮食餐厅等加工过程设有污染防治措施	2分
B40	空气污染物控制指标日平均浓度不超过标准值(mg/m³)：飘尘为0.30、SO_2为0.15、NO_x为0.10、CO为4.0	2分

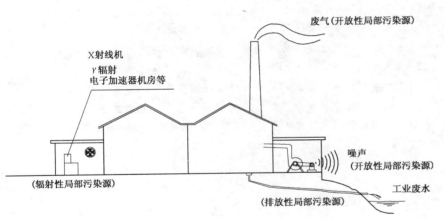

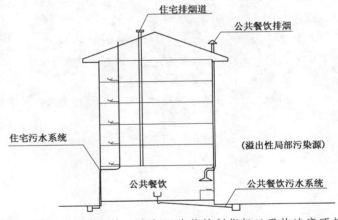

释义：

住区附近有污染源，不适宜作居住用地，应在选址时予以排除；

虽有局部污染影响，但可以采取技术措施进行控制。如公共餐饮设施应尽量避免和住宅连在一起，并应采用洁净燃料，否则必须设置独立的排烟、排水系统；

住区用地应远离交通干道、铁路、机场及工业企业。避免不了的，应采取技术措施如设绿化隔离带、隔声屏障等；

国家环境质量标准规定，空气污染物控制指标日平均浓度不超过标准值(mg/m³)：飘尘为0.30、SO_2为0.15、NO_x为0.10、CO为4.0。住区内空气中有害物质的含量不应超过标准值，要求住区规划设计有利于空气流通。停车场布局合理，以减少汽车尾气对住户的污染。采取有效的措施，减少住区内污染物的排放等。

5.6.2 水体(6分)的评定内容应包括：
1 天然水体与人造景观水体水质；
2 游泳池水质。

附录 B　住宅环境性能评定指标

B41　天然水体与人造景观水体(水池)水质符合国家《景观娱乐用水水质标准》GB12941中C类水质要求　　　　3分

B42　游泳馆(或游泳池、儿童戏水池)设有水循环和消毒设施，符合《游泳池给水排水设计规范》CECS14和《游泳场所卫生标准》GB9667要求　　3分

释义：

B41条：住区内天然水体水质应根据其功能满足《景观娱乐用水水质标准》GB12941中相应水质的标准。人造景观水体(水池)水质应满足该标准中C类水质的要求。该标准中将景观用水分为三类：

A类适用于天然浴场等人体亲密接触的用水水体；
B类适用于国家重点风景区，非人体直接接触的水体；
C类适用于一般景观用水水体。

标准中对水质的各项指标进行了规定，还对水质的日常监测与管理做出了相关规定。

B42条：各类游泳池(比赛池、公共泳池、儿童戏水池、滑道池、环流池和按摩池等)中的池水与人体直接接触，还有可能进入人体内，因此对于游泳池的水质卫生标准规定尤为严格。

《游泳池给排水设计规范》CECS14和《游泳场所卫生标准》GB9667中对游泳池水中的pH值、混浊度、余氯、菌落、大肠杆菌、尿素及有毒物质等的含量都有严格的规定。

为满足上述各方面的水质要求，规范中对"池水循环"、"池水净化"、"池水加药和水质平衡"、"池水消毒"、"水质监测和系统控制"以及"池体设计及设备机房"和日常的管理维护均作出了十分详细的规定。住区内的露天游泳池、室内游泳馆的水循环和消毒设施以及日常管理监测工作均要满足标准和规范的要求。

5.6.3 排水系统(4分)的评定内容应为：
雨污分流排水系统

附录B 住宅环境性能评定指标

B43 设有完善的雨污分流排水系统，并分别排入城市雨污水系统(雨水可就近排入河道或其他水体) 　　4分

释义：
居住区内必须设雨、污分流的排水系统。雨、污分流系统是进行雨水收集和利用、中水回用的前提。

在《室外排水设计规范》GB50014中要求："新建地区排水系统宜采用(雨、污)分流制"。雨水应排入城市雨水管网或就近排入河道或天然水体。污水则应排入城市污水管网系统。当居住区远离城市污水管网系统时，必须单独设置污水处理设施。污水经处理后必须满足《污水排入城市下水道水质标准》CJ3082、《城市污水处理厂污水污泥排放标准》CJ3025。两种情况满足其中一种即可得分。

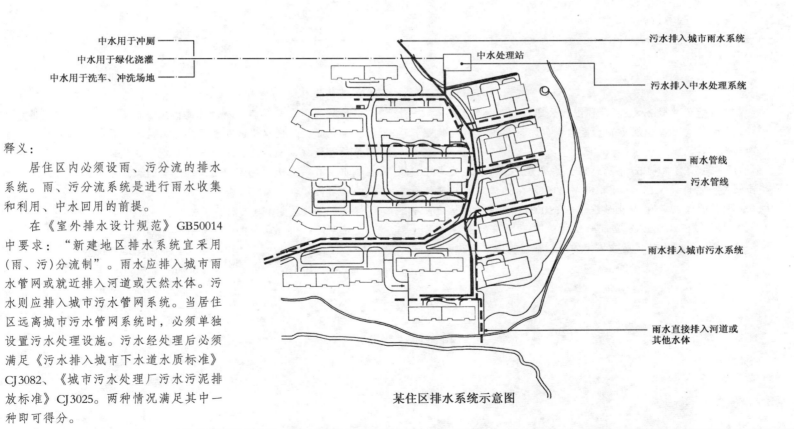

某住区排水系统示意图

5.7.2 配套公共服务设施(42分)的评定内容应包括：

1. 教育设施；
2. 医疗设施；
3. 多功能文体活动室；
10. 商业设施；
11. 金融邮电设施；
12. 市政公用设施；
13. 社区服务设施。

附录 B 住宅环境性能评定指标

B44	教育设施的配置符合《城市居住区规划设计规范》GB50180 或当地规划部门对教育设施设置的规定	3分
B45	设置防疫、保健、医疗、护理等医疗设施	3分
B46	设置多功能文体活动室	3分
B53	设置商店、超市等购物设施	3分
B54	设置金融邮电设施	3分
B55	设置市政公用设施	3分
B56	设置社区服务设施	3分

释义：

居住区的公共服务设施(也称配套公建)，应包括：教育、医疗卫生、文化体育、商业服务、金融邮电、市政公用、行政物业管理和其他共八类设施。

B44～B46，B53～B55 条所述对公共服务设施的设置要求在《城市居住区规划设计规范》GB50180 中以千人指标形式对其建筑面积和用地面积予以规定(详见上述规范表6.0.3)。在实际住区建设中，由于住区的规模和住区在城市所处的位置不同，配置会有很大差异。一般情况下，由住区所在城市的规划部门统一掌握和平衡。其中多功能文体活动室和社区服务设施的设置，大多数住区以建设"会所"的形式予以满足。住区的商店、超市、金融、邮电设施已经市场化了，住区建设的商业用房可以满足这些要求。学校、幼儿园等教育设施以及市政公用设施如变电、燃气调压站、热力站等，在城市中有一个优化配置问题，均应有当地规划部门和市政公用部门的确切认可。

关于公共服务设施的服务半径：

托、幼≤300m；　变电室负荷半径≤250m；

小学≤500m；　　燃气调压站负荷半径≤500m；

中学≤1000m；　商业服务≤500m。

5.7.2 配套公共服务设施(42分)的评定

住区的配套公共服务设施以下图某住区为例说明

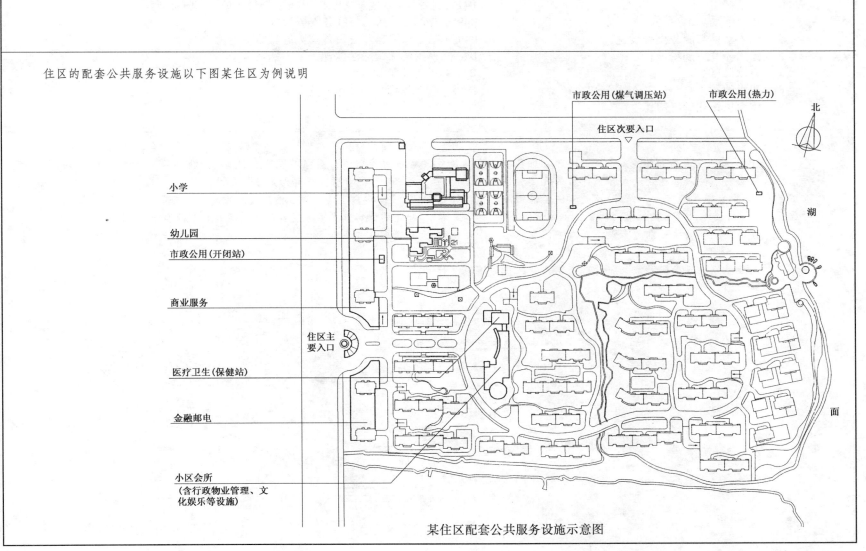

某住区配套公共服务设施示意图

环境性能的评定 公共服务设施

5.7.2 配套公共服务设施(42分)的评定内容应包括：	附录 B 住宅环境性能评定指标	
4 儿童活动场地；	B47 儿童活动场地兼顾趣味、益智、健身、安全合理等原则统筹布置	3分
5 老人活动与服务支援设施；	B48 设置老人活动与服务支援设施	3分
6 露天体育活动场地；	B49 结合绿地与环境设置露天健身活动场地	3分
7 游泳馆(池)；	B50 设置游泳馆或游泳池	5分
8 戏水池；	B51 设置儿童戏水池	2分
9 体育场馆或健身房；	B52 设置体育场馆或健身房	5分

释义：

B47~B48条：我国已开始步入老龄社会。在住区内，尤其是白天，驻留活动的主要人员就是老人和下课后的儿童。住区建设应该满足老人(含照看婴儿的老人、保姆)及儿童的活动需求。提供安全舒适的室外活动场地及相应的健身、休憩、玩耍设施。

老人与儿童活动场地宜毗邻布置，对双方的安全和身心健康均为有利。

"老人活动与服务支援设施"应针对老年人身体机能下降，行动不便的特点，在场地设计中尽量减少高差、台阶及高低曲折的道路，注意防滑，适当增设扶手和座椅及夜间照明，老人活动场地若能靠近公厕和医疗机构乃是最佳安排。

B49~B52条：随着社会经济的发展，家庭生活水平的提高，多样化的体育健身设施已经成为社区居民经常光顾的场所。因此，有一定规模和条件的住区，可设置游泳池、体育场馆等健身场所和设施。

某住区公共服务设施示意图

5.7.3 环境卫生(18分)的评定内容应包括：
1 公共厕所数量与建设标准；

附录 B 住宅环境性能评定指标

B57	设置公共厕所(公共设施中附有对外开放的厕所时可以计入此项)，并达到《城市公共厕所规划和设计标准》CJJ14 一类标准　　3分

释义：
住区内应设一定数量的公共厕所，满足物业服务人员的需要，同时，也方便在室外休憩、活动的居民。
住区内的公共设施如会所、商店等对外开放的厕所可计入此项。
住区公共厕所的建设标准应达到《城市公共厕所规划和设计标准》CJJ14中的一类标准(见下表)：

项目 \ 标准	一　类
供水	有
排水	有
采(保)暖设施	有
照明	有
室内高度(m)	3.5~4.0(设天窗时,可降低)
大便器	坐式、蹲式独立大便器
大便器冲洗	手动陶瓷水箱或先进节水器
大便蹲位间距	0.9~1.2m
小便器	立式小便器
洗手盆	有
拖布池	有
手纸架	有

项目 \ 标准	一　类
地面及蹲台面	铺马赛克等
室内墙裙	贴面砖1.5~1.8m等
地面排水	有
挂物钩	有
镜箱	有
大便蹲位隔板	1.8m高隔断板、设门
内装修	顶棚钙塑板、墙面可赛银
外装修	与环境协调
管理室	有
工具间	有
侧粪间	根据情况设置
化粪池	有

注：在适用时,请参见规范《城市公共厕所设计标准》CJJ14—2005。

5.7.3 环境卫生(18分)的评定内容应包括：
2 废物箱配置；

附录 B 住宅环境性能评定指标

B58 主要道路及公共活动场地均匀配置废物箱，其间距小于80m，且废物箱防雨、密闭、整洁，采用耐腐蚀材料制作   3分

释义：

为保证住区公共环境卫生，在住区主要道路和公共活动场地应均匀安排废物箱。有了这一基本的硬件配置，就为住区的环卫管理提供了条件。废物箱应防雨、密闭，采用耐腐蚀材料制作并便于清洁擦洗。

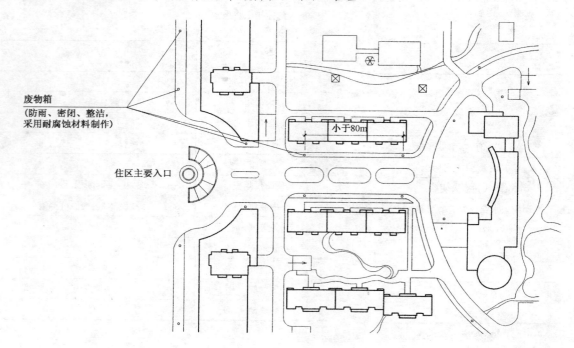

某住区废物箱配置示意图

5.7.3 环境卫生(18分)的评定内容应包括：

3 垃圾收运；

附录B 住宅环境性能评定指标

B59 垃圾收运

Ⅱ 高层按层、多层按幢设置垃圾容器(或垃圾桶)，生活垃圾采用袋装化收集，保持垃圾容器(或垃圾桶)清洁、无异味，每日清运 　　　　4分

Ⅰ 按幢设置垃圾容器(或垃圾桶)，生活垃圾采用袋装化收集，保持垃圾容器(或垃圾桶)清洁、无异味，每日清运 　　　　(2分)

释义：

住区垃圾主要是居民的生活有机垃圾，对于生活有机垃圾的收集、搬运设施应该是密闭方式，避免和杜绝在收运过程中可能产生的污染。

生活垃圾一般可分为四大类：可回收垃圾、厨余垃圾、有害垃圾和其他垃圾。目前常用的垃圾处理方法主要有综合利用、卫生填埋、焚烧和堆肥。可回收垃圾包括纸类、金属、塑料、玻璃等，通过综合处理回收利用，可以减少污染，节省资源。厨余垃圾包括剩菜剩饭、骨头、菜根菜叶等食品类废物，经生物技术就地处理堆肥，产生有机肥料。有害垃圾包括废电池、废日光灯管、废水银温度计、过期药品等，这些垃圾需要特殊安全处理。其他垃圾包括除上述几类垃圾之外的砖瓦陶瓷、渣土、卫生间废纸等难以回收的废弃物，采取卫生填埋可有效减少对地下水、地表水、土壤及空气的污染。

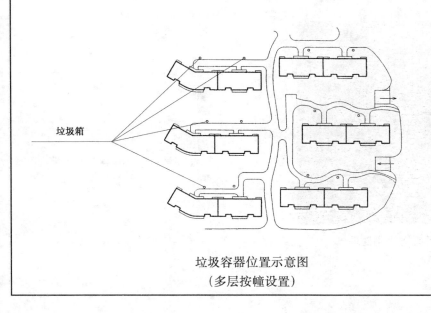

垃圾容器位置示意图
(多层按幢设置)

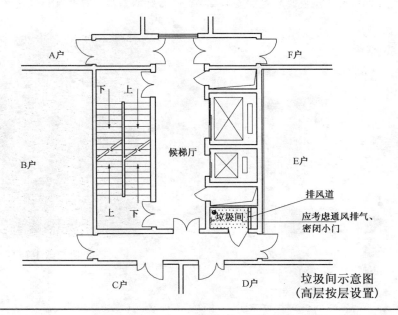

垃圾间示意图
(高层按层设置)

5.7.3 环境卫生(18分)的评定内容应包括：

4 垃圾存放与处理。

附录 B 住宅环境性能评定指标

B60 垃圾存放与处理

Ⅱ 垃圾分类收集与存放，设垃圾处理房，垃圾处理房隐蔽、全密闭、保证垃圾不外漏，有风道或排风、冲洗和排水设施，采用微生物处理，处理过程无污染，排放物无二次污，残留物无害 8分

Ⅰ 设垃圾站，垃圾站隐蔽、有冲洗和排水设施，存放垃圾及时清运，不污染环境，不散发臭味 (5分)

释义：

对于住区中垃圾的存放和处理应本着无害化、减量化和资源化的要求对环境设施予以配置。

垃圾存放与处理Ⅱ档做到减少垃圾处理负载，实现垃圾资源化与垃圾减量化。利用微生物对垃圾进行分解腐熟而形成的肥料，实现垃圾堆肥化。生活垃圾减量化、资源化是生活垃圾管理的重要目标，而生活垃圾的分类收集是实现这一目标的基础，也是生活垃圾管理的发展趋势。要求居住区具有生活垃圾分类收集设施，对生活垃圾中可降解的有机垃圾进行分类收集的设施；对可燃垃圾进行单独分类收集的设施；对生活垃圾中的煤灰进行单独分类收集的设施。若居住区规模较小时，不宜建垃圾处理房，但使用生活垃圾分类收集，做到存放垃圾及时清运，也可计入Ⅱ档。

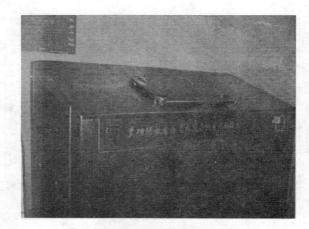

多功能微生物有机废物生化处理机

5.8.2 管理中心与工程质量(8分)的评定内容应包括:
1 管理中心;
2 管线工程;

附录B 住宅环境性能评定指标

B61 管理中心位置恰当,面积与布局合理,机房建设符合国家同等规模通信机房或计算机机房的技术要求　　2分
B62 管线工程质量合格　　2分

释义:

B61条:管理中心的要求:考虑到处警时间要求和管理方便,当住区规模较大时,可设立多个分中心。管理中心的控制机房宜设置于住区的中心位置并远离锅炉房、变电站(室)等。

控制机房的要求:控制机房的建筑和结构应符合国家对同等规模通信机房、计算机房及消防控制室的相关技术要求。机房地面应采用防静电材料,吊顶后机房净高应能满足设备安装的要求。控制机房的室内温度宜控制在 18~27℃,湿度宜控制在 30%~65%。控制机房应便于各种管线的引入,宜设有可直接外开的安全出口。

B62条:管线工程的要求:应将智能化系统管线纳入居住区综合管网的设计中,并满足居住区总平面规划和房屋结构对预埋管路的要求。采用优化技术,如选用总线技术、电力线传输技术与无线技术等,减少户内外管线数量。

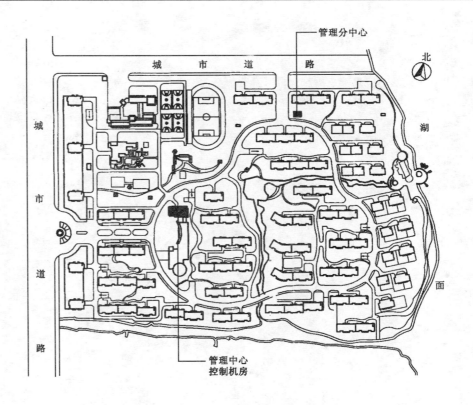

5.8.2 管理中心与工程质量(8分)的评定内容应包括：

3 安装质量；
4 电源与防雷接地。

附录 B 住宅环境性能评定指标

B63	设备与终端产品安装质量合格，位置恰当，便于使用与维护	2分
B64	电源与防雷接地工程质量合格	2分

释义：

B63条：系统装置安装应符合国家现行的有关标准的规定，如现行国家标准《电气装置工程 电缆线路施工及验收规范》GB50186、《建筑电气工程施工质量验收规范》GB50303与《民用闭路监视电视系统工程技术规范》GB50198等。

B64条：应根据《建筑物防雷设计规范》GB50057、《建筑物电子信息系统防雷技术规范》GB50343的规定，对不同的地区和系统，完成接地与防雷工程。住区智能化系统宜采用集中供电方式，对于家庭报警及自动抄表系统，必须保证市电停电后的24h内正常工作。

5.8.3 系统配置(18分)的评定内容应包括：
1 安全防范子系统；

附录 B 住宅环境性能评定指标

B65 安全防范子系统
Ⅲ 子系统设置齐全，包括闭路电视监控、周界防越报警、电子巡更、可视对讲与住宅报警装置。子系统功能强，可靠性高，使用与维护方便　　　　6分
Ⅱ 子系统设置较齐全，可靠性高，使用与维护方便　　　　(4分)
Ⅰ 设置可视或语音对讲装置、紧急呼救按钮，可靠性高，使用与维护方便　(3分)

释义：

在住区周界、重点部位与住户室内安装安全防范装置，并由居住区物业管理中心统一管理。目前可供选用的安全防范装置主要有：闭路电视监控系统、周界防越报警系统、电子巡更装置、可视对讲装置与住宅报警装置等。应依据小区的市场定位、当地的社会治安情况以及是否封闭式管理等因素，综合考虑技术设备和人员因素，确定系统，提高住区安全防范水平。技术要求遵照《居住区智能化系统配置与技术要求》CJ/T174—2003。

本条安全防范子系统按齐全程度分为三个档次：

Ⅲ 子系统设置齐全，包括闭路电视监控、周界防越报警、电子巡更、可视对讲与住宅报警装置。子系统功能强，可靠性高，使用与维护方便

Ⅱ 子系统设置较齐全，可靠性高，使用与维护方便

Ⅰ 设置可视或语音对讲装置、紧急呼救按钮，可靠性高，使用与维护方便

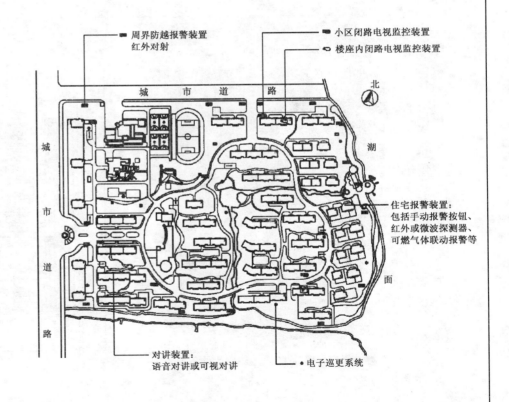

5.8.3 系统配置(18分)的评定内容应包括：
2 管理与监控子系统；

附录 B 住宅环境性能评定指标
B66 管理与监控子系统
Ⅲ 子系统设置齐全，包括户外计量装置或 IC 卡表具、车辆出入管理、紧急广播与背景音乐、给排水、变配电设备与电梯集中监视、物业管理计算机系统。子系统功能强，可靠性高，使用与维护方便　　　　　　　　　　　　　　6分
Ⅱ 子系统设置较齐全，可靠性高，使用与维护方便　　　　(4分)
Ⅰ 设置物业管理计算机系统、户外计量装置或 IC 卡表具　　(3分)

释义：
  管理与监控子系统主要有：户外计量装置或 IC 卡表具、车辆出入管理、紧急广播与背景音乐、给排水、变配电设备与电梯集中监视、物业管理计算机系统等。应依据小区的市场定位来选用，充分考虑运行维护模式及可行性。技术要求遵照《居住区智能化系统配置与技术要求》CJ/T174－2003。

  管理与监控子系统按居住区内安装管理与监控系统装置配置的不同，分为三个档次：
  Ⅲ 子系统设置齐全，包括以上户外计量装置或 IC 卡表具、车辆出入管理、紧急广播与背景音乐、给排水、变配电设备与电梯集中监视、物业管理计算机系统。子系统功能强，可靠性高，使用与维护方便
  Ⅱ 子系统设置较齐全，可靠性高，使用与维护方便
  Ⅰ 设置物业管理计算机系统、户外计量装置或 IC 卡表具

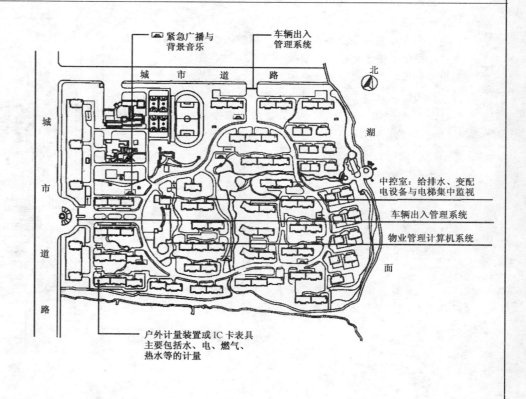

5.8.3 系统配置（18分）的评定内容应包括：
3 信息网络子系统。

附录 B 住宅环境性能评定指标
B67 信息网络子系统
Ⅲ 建立居住小区电话、电视、宽带接入网(或局域网)和网站，采用家庭智能控制器与通信网络配线箱。客厅、卧室与书房均安装电话、电视与宽带网插座，卫生间安装电话插座，位置合理。每套住宅不少于二路电话　　　　　　　　　　　　　　　　6分
Ⅱ 建立居住小区电话、电视、宽带接入网，采用通信网络配线箱。客厅、卧室与书房均安装电话、电视与宽带网插座，位置恰当。每套住宅不少于二路电话　　　　　　　　　(4分)
Ⅰ 建立居住小区电话、电视与宽带接入网。每套住宅内安装电话、电视与宽带网插座，位置恰当　　(3分)

释义：
信息网络子系统由居住区宽带接入网、控制网、有线电视网、电话交换网和家庭网组成，提倡采用多网融合技术。建立居住区网站，采用家庭智能终端与通信网络配线箱等。
本条按信息网络系统的齐全程度分为三个档次。信息网络系统配置差距很大，Ⅲ级配置是用于高档豪华型居住区，Ⅱ级配置是用于舒适型商品住宅，Ⅰ级配置是用于适用型商品住宅或经济适用房。应依据小区的市场定位来选用，充分考虑运行维护模式及可行性。

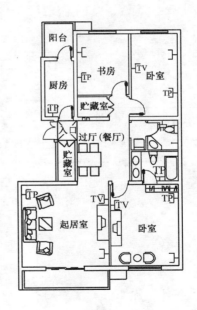

经济性能的评定

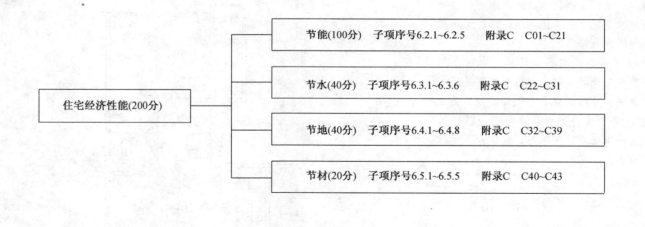

6.2.2 建筑设计(35分)的评定应包括下述内容：
1 建筑朝向；

附录 C 住宅经济性能评定指标

C01 住宅建筑以南北朝向为主　　　　　　　　　5分

释义：

以右图所示住区为例。

该住区内住宅建筑以南北朝向布置为主。

由于太阳高度角和方位角的变化规律影响，南北朝向的建筑，夏季可以减少太阳辐射得热，冬季可以增加辐射吸热，同时建筑物南北两侧的温度变化所产生的风压也有利于住宅室内的通风。

某住区总平面示意图

6.2.2 建筑设计(35分)的评定应包括下述内容:
2 建筑物体形系数;

附录 C　住宅经济性能评定指标

C02　建筑物体形系数符合当地现行建筑节能设计标准中
　　　体形系数规定值　　　　　　　　　　　　　　　6分

释义:
　建筑物体形系数是指建筑物与室外大气直接接触的外表面面积 F_0 与其所包围体积 V_0 的比值。
　建筑物体形系数 = F_0/V_0
　$F_0 = F_1 + F_2 + F_3 + F_4 + F_5$

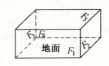

"体形系数"越大,单位建筑面积对应的外表面积越大,外围护结构的传热损失也越大。研究资料表明:"体形系数"每增大 0.01,能耗指标就相应增加 2.5%。

从降低住宅建筑能耗的角度出发,应将体形系数尽可能控制在一个较低的水平上,为此国家标准针对不同气候区明确了较为适宜的不同的"体形系数"规定(见右表)。

地区	体形系数	现行标准
采暖地区	宜在 0.30 及 0.30 以下	《民用建筑节能标准(采暖居住建筑部分)》JGJ26－95
夏热冬冷地区	条式建筑不应超过 0.35 点式建筑不应超过 0.40	《夏热冬冷地区居住建筑节能设计标准》JGJ134－2001
夏热冬暖地区	北区内,单元式、通廊式不宜超过 0.35,塔式不宜超过 0.40	《夏热冬暖地区居住建筑节能设计标准》JGJ75－2003

建筑物体形系数应符合当地现行建筑节能设计标准中体形系数规定值。

6.2.2 建筑设计(35分)的评定应包括下述内容：

3 严寒、寒冷地区楼梯间和外廊采暖设计；

附录C 住宅经济性能评定指标

C03 严寒、寒冷地区楼梯间和外廊采暖设计　　　　4分

采暖期室外平均温度为0～-6.0℃的地区，楼梯间和外廊不采暖时，楼梯间和外廊的隔墙和户门采取保温措施

采暖期室外平均温度在-6.0℃以下的地区，楼梯间和外廊采暖，单元入口处设置门斗或其他避风措施

夏热冬冷和夏热冬暖地区无此项要求。

释义：

住宅建筑楼梯间和外廊是建筑物的节能薄弱部位，严寒和寒冷地区应按照当地节能标准的规定采取相应的保温措施。

严寒、寒冷地区楼梯间、外廊的保温措施如下图所示：

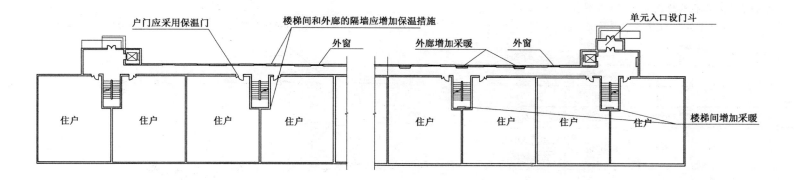

采暖期室外平均温度为0～-6.0℃的地区　　　　采暖期室外平均温度在-6.0℃以下的地区

经济性能的评定 节能

95

6.2.2 建筑设计(35分)的评定应包括下述内容:
4 窗墙面积比;

附录C 住宅经济性能评定指标
C04 符合当地现行建筑节能设计标准中窗墙面积比规定值   6分

释义:
窗墙面积比是指外窗洞口面积与其所在房间立面单元面积的比值(见右图)。

对建筑围护结构的能耗研究表明:
外窗的传热损失与空气渗透热损失两项相加,约占建筑物全部热损失的47%。同时窗户的朝向对空调负荷影响也很大。因此,在满足室内采光要求的前提下,减少窗口面积是建筑节能的有效途径。

窗墙面积比的一般规定,见下表:

地区	外窗朝向		
	南	北	东、西
严寒、寒冷	0.35	0.25	0.3
夏热冬冷	0.5	0.45	0.3(无遮阳) 0.5(有遮阳)
夏热冬暖	0.5	0.45	0.3

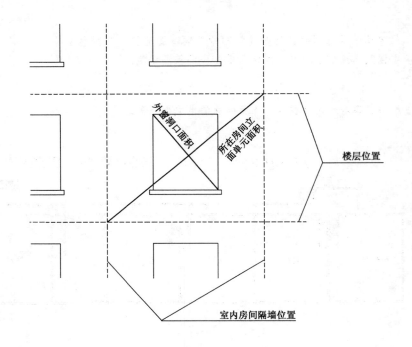

建筑物局部外立面示意图

6.2.2 建筑设计(35分)的评定应包括下述内容:
　　5 外窗遮阳;

附录 C 住宅经济性能评定指标
　　C05 夏热冬冷地区的南向和西向外窗设置活动遮阳设施夏热冬暖、温和地区
　　Ⅱ 南向和西向的外窗有遮阳措施,遮阳系数 $S_w \leq 0.90Q$　　8分
　　Ⅰ 南向和西向的外窗有遮阳措施,遮阳系数 $S_w \leq Q$　　(6分)

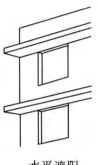

水平遮阳

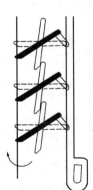

水平活动百叶遮阳
(垂直活动百叶遮阳略)

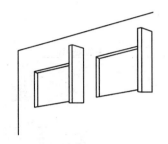

垂直遮阳

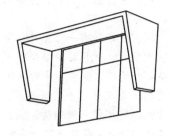

综合遮阳

释义:
　　"遮阳系数"(S_w)是考虑窗本身和窗口的建筑外遮阳装置综合遮阳效果的一个系数,其值为窗本身的遮阳系数(SC)与窗口的建筑外遮阳系数(SD)的乘积,其值在0~1范围内变化。SC越小,通过窗户透光系统的太阳辐射的热量就越小,其遮阳性能就越好。
　　"Q"——当地节能设计标准所规定的限值。
　　水平遮阳适于遮挡正午阳光;
　　垂直遮阳适于遮挡日出、日落时阳光;
　　综合遮阳适于遮挡9:00~11:00和13:00~15:00时的阳光。
　　活动遮阳可安装在室内或室外,遮阳、采光、通风的效果俱佳。
　　夏季透过外窗进入室内的太阳辐射热量构成空调负荷的主要部分,因此夏热冬冷和夏热冬暖地区均需考虑外窗遮阳。严寒、寒冷地区无此项要求。

6.2.2 建筑设计(35分)的评定应包括下述内容:
6 再生能源利用。

附录C 住宅经济性能评定指标
C06 再生能源利用
太阳能利用　Ⅱ　与建筑一体化　　　　　　　　6分
　　　　　　　Ⅰ　用量大,集热器安放有序,但未做到与
　　　　　　　　　建筑一体化　　　　　　　　　(4分)
利用地热能、风能等新型能源　　　　　　　　　(6分)

释义:
　　再生能源系指太阳能、地热能、风能、生物质能等新型能源,清洁无污染,取之不尽。
　　太阳能热水器的利用在我国已有一定基础。鼓励、提倡太阳能利用与建筑一体化的设计,既保证建筑的美观,又保证建筑物安全和太阳能设备安全运行,故本条设两档评分。
　　太阳能热水系统的运行方式有"自然循环"、"直流式"和"强制循环"三种方式,可根据当地纬度,太阳能月均辐射量、环境温度、用水情况、辅助能源情况等来选择运行方式。

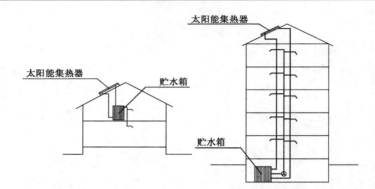

分散集热、分户贮水　　　集中集热、集中贮水、分户计量

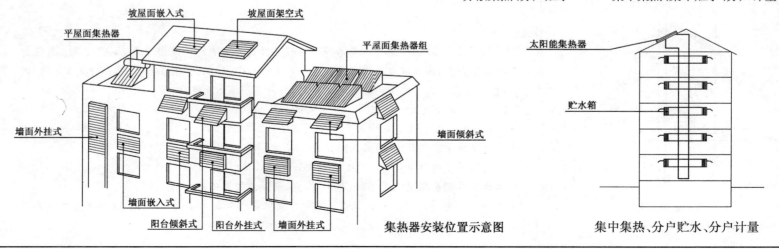

集热器安装位置示意图　　集中集热、分户贮水、分户计量

6.2.3 围护结构(35分)的评定应包括下述内容：
1 外窗和阳台门的气密性；

附录 C 住宅经济性能评定指标

C07	外窗和阳台门(不封闭阳台或不采暖阳台)的气密性	
	Ⅱ 5级	5分
	Ⅰ 4级	(3分)

释义：
　　通过外窗和阳台门缝隙的空气渗透约占建筑围护结构的能耗损失的23%，因此，提高外窗和阳台门的气密性非常重要。
　　外窗及阳台门的气密性按《建筑外窗气密性能分级及其检测方法》GB/T7107-2000 的规定执行见下表：

分级代号	1	2	3	4	5
$q_1[m^3/(m·h)]$	$6.0 \geq q_1 > 4.0$	$4.0 \geq q_1 > 2.5$	$2.5 \geq q_1 > 1.5$	$1.5 \geq q_1 > 0.5$	$q_1 \leq 0.5$
$q_2[m^3/(m^2·h)]$	$18 \geq q_2 > 12$	$12 \geq q_2 > 7.5$	$7.5 \geq q_2 > 4.5$	$4.5 \geq q_1 > 1.5$	$q_2 \leq 0.5$

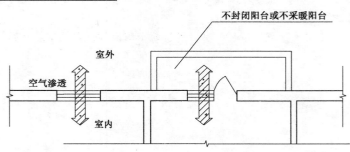

空气渗透量在 0.5~1.5m³ 之间为4级，空气透气量 ≤0.5m³ 为5级，级别越大越好。

q_1：按缝隙长度计算和控制
q_2：按窗的面积计算和控制

6.2.3 围护结构(35分)的评定应包括下述内容：
  2 外墙、外窗和屋顶的传热系数。

附录 C 住宅经济性能评定指标

C08 严寒寒冷地区和夏热冬冷地区外墙的平均传热系数
  Ⅲ $K\leqslant 0.70Q$ 或符合65%节能目标10分； Ⅱ $K\leqslant 0.85Q$(8分)； ☆Ⅰ $K\leqslant Q$ (7分)

C09 严寒寒冷地区和夏热冬冷地区外窗的传热系数
  Ⅲ $K\leqslant 0.90Q$ 10分； Ⅱ $K\leqslant 0.95Q$ (8分)； ☆Ⅰ $K\leqslant Q$ (7分)

C10 严寒寒冷地区、夏热冬冷地区和夏热冬暖地区屋顶的平均传热系数
  Ⅲ $K\leqslant 0.85Q$ 或符合65%节能目标10分； Ⅱ $K\leqslant 0.90Q$(8分)； ☆Ⅰ $K\leqslant Q$ (7分)

释义：

"传热系数"（K 或 U）——表征围护结构传递热量能力的指标，单位：$W/(m^2 \cdot K)$。K值越小，围护结构的传热能力越低，其保温隔热性能越好。

"热惰性指标"（D）——表征围护结构对温度波衰减快慢程度的无量纲指标。D值越大，温度波在其中的衰减越快，围护结构的热稳定性越好，越有利于节能。

C08～C10条所列外墙、外窗、屋顶的平均传热系数等热工性能指标的确定分别在《民用建筑节能设计标准》JGJ26—95，《夏热冬冷地区居住建筑节能设计标准》JGJ134—2001、《夏热冬暖地区居住建筑节能设计标准》JGJ75—2003中有详细规定。不同地区，不同建筑体形系数，取值要求不同，这里的 Q 即为当地节能设计标准中所规定的限制，K 为实际设计值。

对于外墙、外窗、屋顶的传热系数各设置了三个档次，目的是鼓励把住宅的保温隔热做得再超前一些。

附录C 住宅经济性能评定指标综合节能要求

C11 北方耗热量指标

Ⅲ $q_H \leq 0.80Q$ 或符合65%节能目标 70分；Ⅱ $q_H \leq 0.90Q$(57分)；☆Ⅰ $q_H \leq Q$ (49分)

中、南部耗热量指标

Ⅲ $E_h + E_c \leq 0.80Q$ 70分；Ⅱ $E_h + E_c \leq 0.90Q$(57分)；☆Ⅰ $E_h + E_c \leq Q$ (49分)

释义：

当建筑设计和围护结构设计都满足国家标准的要求时，不必进行综合节能要求的检查和评判；反之，就必须进行综合节能要求的检查和评判，当建筑设计体形系数、窗墙和围护结构传热系数不符合有关规定时，应按性能化要求，计算建筑物的节能综合指标，对建筑节能设计进行综合评价。两种评判方法分值相同，仅取其中之一。

北方耗热量指标：建筑物耗热量指标(q_H)——在采暖期室外平均温度条件下，为保持室内计算温度，单位建筑面积在单位时间内消耗的、需由室内采暖设备供给的热量，单位：W/m²。具体见《民用建筑节能设计标准》JGJ26—95。

中南部耗热量指标：采暖年耗电量(E_h)——按照冬季室内热环境设计标准和设定的计算条件，计算出的单位建筑面积采暖设备每年所要消耗的电能，单位：kWh/m²。空调年耗电量(E_c)——按照夏季室内热环境设计标准和设定的计算条件，计算出的单位建筑面积空调设备每年所要消耗的电能，单位：kWh/m²。具体见《夏热冬冷地区居住建筑节能设计标准》JGJ134—2001。

相应的耗热量指标≤标准规定的限值，即 $q_H \leq Q$，$E_h + E_c \leq Q$。

6.2.4 采暖空调系统(20分)的评定应包括下述内容：
1 分户热量计量与装置；
2 采暖系统的水力平衡措施；

附录 C　住宅经济性能评定指标

C12	采用用能分摊技术与装置	5分
C13	集中采暖空调水系统采取有效的水力平衡措施	2分

释义：

C12条：分户热计量的技术措施为节能的运行管理和供热商品化提供了条件。建设部颁布的第143号令《民用建筑节能管理规定》中第十二条规定"采用集中采暖制冷方式的新建民用建筑应当安设建筑物室内温度控制和用能计量设施，逐步实行基本冷热价和计量冷热价共同构成的两部制用能价格制度"。在尚未完全实施供热商品化制度之前，新建系统必须考虑为分户热计量、调控提供可能的预留条件和实现的可能性。

用能分摊技术与装置方法较多，如热分配计、热水计量表、热计量、按栋计量(栋内按面积分摊)等方法。

C13条：对集中采暖空调水系统必须采取有效的水力平衡措施，以保证系统的供热和制冷的均匀性，以降低物耗、水耗和电耗，达到节能的目的。

6.2.4 采暖空调系统(20分)的评定应包括下述内容：
　　3　空调器位置；

附录 C　住宅经济性能评定指标

　　C14　预留安装空调的位置合理，使空调房间在选定的送、回风方式下，形成合适的气流组织
　　　　Ⅲ　气流分布满足室内舒适的要求　　　　　　　　4分
　　　　Ⅱ　生活或工作区 3/4 以上有气流通过　　　　　(3分)
　　　　Ⅰ　生活或工作区 3/4 以下 1/2 以上有气流通过　(2分)

释义：
　　室内预留安装空调的位置合理，使空调房间在选定的送、回风方式下，形成合适的气流组织。

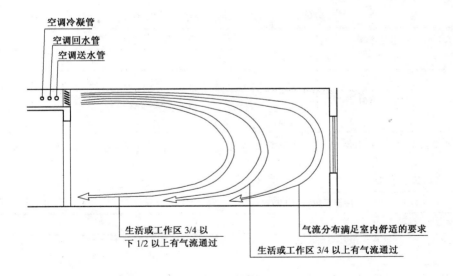

空调器气流示意图

6.2.4 采暖空调系统(20分)的评定应包括下述内容：
4 空调器选用；

附录 C 住宅经济性能评定指标
C15 空调器种类
Ⅲ 达到国家空调器能效等级标准中2级　　　　4分
Ⅱ 达到国家空调器能效等级标准中3级　　　　(3分)
Ⅰ 达到国家空调器能效等级标准中4级　　　　(2分)

释义：

居住建筑采用分体式(户式)空气调节器(机)进行空调时，其能效等级应按照国家标准《房间空气调节器能效限定值及能源效率等级》GB12021.3-2004 的规定进行能效评价(国家规定2级以上为节能空调，见表1)。根据所选用的空调能效等级2级、3级及4级分别给予不同分值(能效等级1~2级为绿色产品；5级为高能耗产品，今后将会被淘汰)。如果项目提供毛坯房，无法判断未来住户购买何种能效等级的空调，则本条不予给分。

分体式(户式)空气调节器能效等级指标　　　表1

额定制冷量 $CC(W)$	能 效 等 级				
	5	4	3	2	1
4500以下	2.6	2.8	3.0	3.2	3.4
4500~7100	2.5	2.7	2.9	3.1	3.3
7100以上	2.4	2.6	2.8	3.0	3.2

当应用冷水机组和单元式空气调节机为集中式空气调节系统冷源设备时，其性能系数、能效比不应低于表2和表3的规定值。

冷水机组性能系数　　　表2

类　型	额定制冷量 $CC(kW)$	性能系数 $COP(W/W)$
风冷式或蒸发冷却式	$CC \leq 50$	2.60
	$CC > 50$	2.80
水冷式	$CC \leq 528$	4.10
	$528 < CC \leq 1163$	4.30
	$CC > 1163$	4.60

单元式空气调节机能效比　　　表3

类　型		能效比 $EER(W/W)$
风冷式	不接风管	2.60
	接风管	2.30
水冷式	不接风管	3.00
	接风管	2.70

6.2.4 采暖空调系统(20分)的评定应包括下述内容：
5 室温控制；
6 室外机位置。

附录 C 住宅经济性能评定指标

C16	室温控制情况	
	房间室温可调节	3分
C17	室外机的位置	
	Ⅱ 满足通风要求，且不易受到阳光直射	2分
	Ⅰ 满足通风要求	(1分)

释义：

C16条：采用集中采暖空调系统应设置室温调控装置。若采用分体式采暖空调器则视为具备室温调控的功能，应予给分。

C17条：为了保持建筑物外立面的美观、统一、协调，提倡统一设置空调室外机的预留位置。空调室外机安放隔板，应充分考虑其位置利于空调器夏季排放热量、冬季吸收热量，并应防止对室内产生热污染及噪声污染，尽量避免阳光直射。

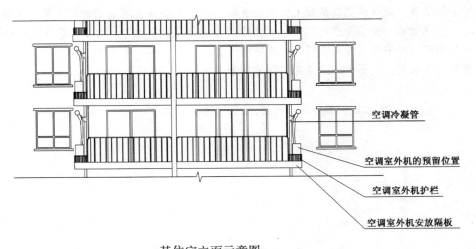

某住宅立面示意图
(空调室外机位置)

6.2.5 照明系统(10分)的评定应包括下述内容：
1　照明方式的合理性；
2　高效节能照明产品应用；
3　节能控制型开关应用；

附录C　住宅经济性能评定指标

C18	照明方式合理	3分
C19	采用高效节能的照明产品(光源、灯具及附件)	2分
C20	设置节能控制型开关	3分

释义：

C18条：照明方式通常分为：一般照明、分区一般照明、局部照明、混合照明。一般照明是在工作场所内不考虑特殊的局部需要，为照亮整个被照面而设置的照明装置；分区一般照明是当某一工作区需要高于一般照明的照度时，根据需要提高特定区域照度的一般照明；局部照明是在工作点附近，专门为照亮工作点而设的照明装置；混合照明是由一般照明与局部照明组成的照明。照明方式的选用，应根据节能的原则进行确定，既要保证照度要求，又要兼顾节能。

C19条：高效节能的照明产品的使用寿命和节能效果都高于普通产品，提倡使用高效节能灯具。若项目为毛坯房，则此项不予给分。

C20条：节能控制型开关，主要是针对公共空间照明开关控制措施的设计选择，为了节能应该采用延时自闭、声控等节能开关。

6.2.5 照明系统(10分)的评定应包括下述内容：
4 照明功率密度值(*LPD*)。

释义：
　　照明功率密度值(*LPD*)，即单位面积上的照明安装功率(包括光源、镇流器或变压器)，单位为瓦特每平方米(W/m²)。

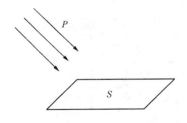

P——照明安装功率　　　　　　(单位：W)
　　(包括光源、镇流器或变压器)
S——被照面积　　　　　　　　(单位：m²)
LPD = *P*/*S*　　　　　　　　(单位：W/m²)

附录 C　住宅经济性能评定指标

| C21　照明功率密度值(*LPD*)满足标准要求 | 2分 |

根据《建筑照明设计标准》GB50034—2004，居住建筑每户照明功率密度值不宜大于下表的规定。当房间或场所的照度值高于或低于本表规定的对应照度值时，其照明功率密度值应按比例提高或折减。

房间或场所	照明功率密度现行值(W/m²)		对应照度值(lx)
	现行值	目标值	
起居室			100
卧　室			75
餐　厅	7	6	150
厨　房			100
卫生间			100

住宅建筑每平方米的照明功率(*LPD*)不宜超过标准规定 7~6W/m²的值。若项目为毛坯房，则此项不予给分。

6.3.2 中水利用(12分)的评定应包括下述内容：

1　中水设施；
2　中水管道系统。

附录 C　住宅经济性能评定指标

C22　建筑面积 5 万 m² 以上的居住小区,配置了中水设施,或回水利用设施,或与城市中水系统连接,或符合当地规定要求；建筑面积 5 万 m² 以下或中水来源水量或中水回用水量过小(小于 50m³/d)的居住小区,设计安装中水管道系统等中水设施　　　　　　　　　　　　　　　　　　　　　　12分

释义：

中水利用应提倡就近处理回用,这样做有利于降低城市的市政投资,节约能源。根据回用的用途和用量选择适宜的处理技术。因此,提倡建筑面积超过 5 万 m² 的居住小区建立中水回用设施,符合工程经济的要求。

居住小区的中水利用应优先考虑绿化浇洒,景观用水等物业用水。用水量平衡的前提下,中水水流应优先考虑收集优质的杂排水(如洗浴、洗涤、洗衣等),以降低处理费用。实践证明,中水利用的经济效益也是显著的,不但达到节水目的,还可省去物业用水的大量水费,一般中水处理的成本在 0.7 元/m³ 以下。

中水利用主要包括中水处理设施、中水贮存设施、中水输送管道等部分组成,系统应该根据处理水量、处理后回用水的水质要求、运行维护性能等几个方面来确定规模和处理工艺。处理设施一般由污水收集、沉淀过滤、二级处理、深度处理、消毒杀菌、贮水池等部分组成,一般以生物处理法为主,一些地方开始试验使用人工湿地来处理中水。处理后的中水可以用于冲厕、绿化浇灌、冲洗车辆、道路和景观水系等,根据中水水量、水质情况合理布置中水管道。

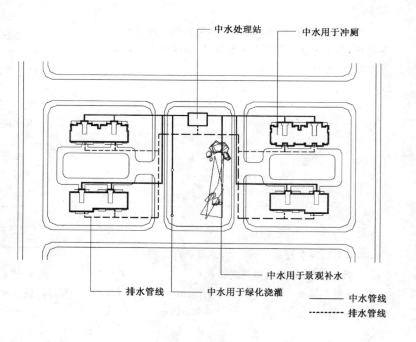

某住区中水系统示意图

6.3.3 雨水利用(6分)的评定应包括下述内容：
1 雨水回渗；
2 雨水回收。

附录C 住宅经济性能评定指标

C23	采用雨水回渗措施	**3分**
C24	采用雨水回收措施	**3分**

释义：

雨水利用是节水的重要措施，雨水利用在发达国家非常受重视，发展很快。我国幅员辽阔，各地区间降雨量差别很大，降雨的强度和时间分布也有很大差别，因此，雨水利用工程的推广和应用应因地制宜，确定雨水利用的方式：

1) 丰雨地区(年降雨量在1600mm以上)应充分利用雨水资源，经处理后可用于绿化、景观用水，并可营造一些大的水景，提高居住环境的舒适度；

2) 多雨地区(年降雨量在800～1600mm)应充分利用雨水资源，经处理后可用于绿化、景观用水，水景规模不易过大；

3) 过渡地区(年降雨量在400～800mm)这些地区雨量不够充沛，往往伴随着资源型缺水，经处理后可用于冲厕、洗车、绿化和景观用水，但是应有备用水源；

4) 少雨地区(年降雨量在200～400mm)这些地区常年缺水，雨水将是生活用水的主要水源，尽可能采用回渗截流。

住区内应该尽量多采用可透水的地面铺装，雨水回渗对于绿化、生态小气候的营造以及地下水源的涵养均有好处。特别是停车场、人行道路、休闲活动场等处的硬质地面可以使用可透水的地面铺装，例如，停车场使用可透水的嵌草砖，既可以回渗雨水，又能增加绿化。

可透水的地面铺装做法与普通铺装有一些差别：首先要求面层材料空隙率较大，便于雨水快速穿过，近年来有一种使用高分子材料粘结的砂子制成的透水砖效果非常好；其次铺装的垫层要求既能承受一定荷载不会塌陷，又要有良好的透水性，传统常用的混凝土垫层和灰土垫层是不适合使用的，应该使用碎石、砂子等材料做垫层。

常见地面雨水径流情况

地面种类	径流系数
屋面、混凝土和沥青路面	0.90
块石铺砌路面和沥青碎石路面	0.60
级配碎石路面	0.45
非铺砌路面	0.30
绿　地	0.15

6.3.4 节水器具及管材(12分)的评定应包括下述内容：
1 便器一次冲水量；
2 便器分档冲水功能；
3 节水器具；
4 防漏损管道系统。

附录 C 住宅经济性能评定指标

C25	使用≤6L便器系统	3分
C26	便器水箱配备两档选择	3分
C27	使用节水型水龙头	3分
C28	给水管道及部件采用不易漏损的材料	3分

释义：
卫生间用水量占家庭用水60%～70%，便器用水占家庭用水的30%～50%，对此，对卫生间的便器和水龙头作了规定。

C25条、C26条：节水型便器要求每次冲洗周期大便冲洗用水量不大于6L，采用大、小便分档冲洗的结构，小便冲洗用水量不大于3.0L，若项目为毛坯房，则此项不予给分。

C27条：节水型水龙头是指具有陶瓷阀芯密封等节水措施的水龙头。陶瓷阀芯密封严密，使用寿命长，能有效地减少跑、冒、滴、漏的损失。

C28条：2002年全国城市公共供水系统的管网漏损率达21.5%，全国城市供水年漏损量近100亿m³，所以提高管道用材质量，减少漏损也是一项重要措施。

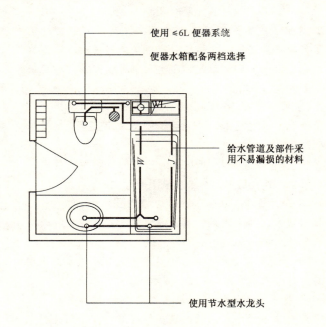

6.3.5 公共场所节水措施(6分)的评定应包括下述内容:
1 公用设施的节水措施；
2 绿化灌溉方式。

附录C 住宅经济性能评定指标

C29 公用设施中的洗面器、洗手盆、淋浴器和小便器等采用延时自闭、感应自闭式水嘴或阀门等节水型器具　　3分

释义：

公共场所用水浪费是较为普遍的。所以本条要求采用延时自闭、感应自闭式水嘴或阀门等节水器具，在使用者离开后，水源能够迅速切断，可以节约大量用水，也有利于公共卫生。

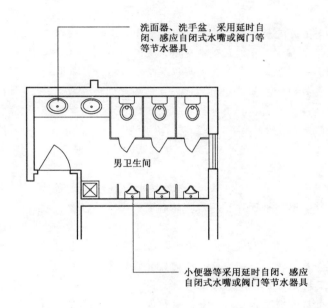

6.3.5 公共场所节水措施(6分)的评定应包括下述内容：
2 绿化灌溉方式。

6.3.6 景观用水(4分)的评定内容应为：
水源利用情况。

附录 C 住宅经济性能评定指标

C30 绿地、树木、花卉使用滴灌、微喷等节水灌溉方式，不采用大水漫灌方式   3分

C31 不用自来水为景观用水的补充水   4分

释义：

C30条：绿化浇灌用水是居住区公共用水的主要部分，如何更有效、合理地利用水资源，降低绿化浇灌用水量对于节水工作具有至关重要的意义。采用适当的节水技术可以显著降低绿地的养护用水量，不仅具有良好的社会效益，而且可以带来可观的经济效益，能够大大降低绿地的养护成本。一些城市已经开始要求在居住区中使用喷灌、滴灌等先进灌溉技术。

目前常用的绿化灌溉技术主要有三种，即漫灌、喷灌和滴灌(近年来，国外又发展了"渗灌"技术)。

漫灌是一种传统的灌溉技术，通过水渠或水管将水输送到地里，浇水量漫过整个畦田地面为止。这种灌溉方式中水被植物吸收的部分有限，其余大部分都浪费了，而且会对土壤和植物根系产生伤害。土壤在充满水的状态下，植物的根系无法呼吸，会出现缺氧，表层土也因多次漫灌而板结，使土壤的透气性和透水性越来越差，而土壤盐渍度均匀增加。

喷灌是通过管道和喷头来浇灌植物的一种灌溉方式，主要有固定式和移动式两种方式。喷灌可以控制喷水量和均匀性，避免产生地面径流和深层渗漏损失，使水的利用率大为提高，一般比地面灌溉节省水量30%～50%，还能节省劳动力，降低灌水成本。

滴灌是通过专用设备将水一滴一滴地、均匀而又缓慢地滴入作物根区附近土壤中的灌水形式。由于滴水流量小，水滴缓慢入土，只有滴头下面的土壤处于灌溉状态，因而节水效果更为明显，与大水漫灌相比，节水可达50%～70%。采用滴灌可控制一次灌水量，可以根据不同植物和同种植物不同生长阶段调整浇灌水量，可根据需要，少灌、勤灌，科学合理地供给水量，并可保持作物行间、株间土壤干燥，杂草不易生长、土壤不板结，能保持土壤疏松。

C31条：景观水系因为蒸发和渗漏水位会逐步降低，需要经常补水才能维持在一定的水位，这部分补充用水完全可以使用经过处理后的中水和雨水，而不必使用自来水，节约宝贵的洁净水资源。

现行《住宅建筑规范》GB50386—2005中有强制性规定，景观用水的补充水不可采用自来水。

6.4.2 地下停车比例(8分)的评定内容应为:
地下或半地下停车比例。

附录 C 住宅经济性能评定指标

C32　地下或半地下停车位占总停车位的比例

　　Ⅲ ≥80%　　　　　　　　　　　　　　　8分
　　Ⅱ ≥70%　　　　　　　　　　　　　　　(7分)
　　Ⅰ ≥60%　　　　　　　　　　　　　　　(6分)

释义:
　　提高地下停车的比例,既有利于充分利用地下空间,又有利于减少地面干扰、污染,增加可用地表面积。本条强调地下停车位占小区总停车位数量的比例。

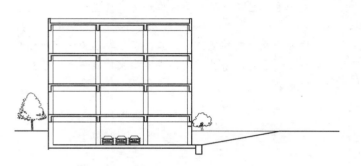

半地下停车库示意图

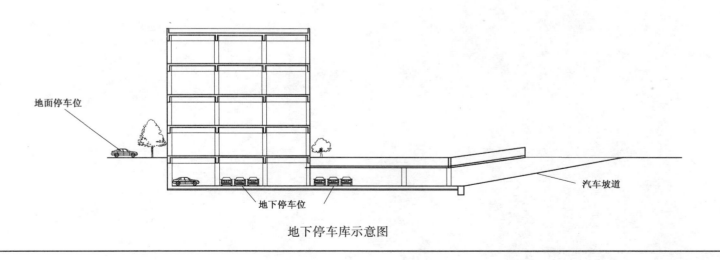

地下停车库示意图

6.4.3 容积率(5分)的评定内容应为：容积率的合理性。	**附录C** 住宅经济性能评定指标	
	C33　合理利用土地资源，容积率符合规划条件	5分

释义：

容积率(亦称建筑面积毛密度)——每公顷住区用地上拥有的各类建筑的建筑面积(m^2/hm^2)或以总建筑面积(万 m^2)与住区用地(万 m^2)的比值表示。

容积率过低，土地资源利用率低，造成单位住宅成本过高；容积率过大，可能产生人口密度过高，居住环境质量下降等问题。因此，对容积率的评定要综合考虑经济、环境以及未来发展等多种因素。

实际上在住宅性能评定之前，容积率已由城市规划部门严格审批确定了，因此本条从节地的要求出发，强调容积率应符合规划条件的要求。

6.4.4 建筑设计(7分)的评定应包括下述内容：
1 住宅单元标准层使用面积系数；
2 户均面宽与户均面积比值。

附录 C 住宅经济性能评定指标

C34	住宅单元标准层使用面积系数，高层≥72%，多层≥78%	5分
C35	户均面宽值不大于户均面积值的1/10	2分

释义：

C34条：住宅单元标准层使用面积系数 = $\dfrac{\text{单元标准层总使用面积}}{\text{单元标准层建筑面积}}$

其中：

单元标准层总使用面积为本单元各套型使用面积之和。

单元标准层建筑面积为外墙结构外表面及柱外沿及相邻界墙轴线所围合的水平投影面积。当外墙设外保温层时，按外保温层外表面计算。

套型使用面积包括卧室、起居室、厨房、卫生间、餐厅、过厅（玄关）、过道、前室、贮藏室、壁柜等使用面积的总和。烟囱、通风道、管井等均不计入使用面积；阳台面积按结构底板投影净面积单独计算，不计入每套使用面积和建筑面积内。

高层住宅因分摊的公共面积多，使用面积系数较低，而多层住宅分摊的公共面积少，使用面积系数偏大。

C35条：对一栋住宅建筑物的户均面宽值做出限制，是为了控制建筑物的适宜面宽与进深的关系，以实现节地的目的。面宽过大，不利于节地；进深过大，不利于通风和采光。

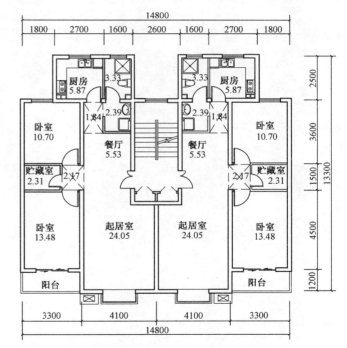

图示方案为某多层住宅标准层，其相关指标如下：

住宅单元标准层使用面积系数 = $\dfrac{143.34\,(\text{本单元本层所有使用面积之和})}{179.58\,(\text{本单元本层建筑面积})}$

= 79.82%

户均面宽值（7.4）为户均面积值（88.74）的0.083，不大于1/10。

6.4.5 新型墙体材料(8分)的评定内容应为：
用以取代黏土砖的新型墙体材料应用情况。

附录 C 住宅经济性能评定指标

C36　采用取代黏土砖的新型墙体材料　　　　8分

释义：

　　墙体材料几乎占每栋建筑主体固体材料的80%以上，耗能占建材工业总能耗的一半左右，黏土砖存在着严重的毁田取土、高耗能与污染环境等问题。因此，墙体材料改革的核心就是用新型墙体材料取代实心黏土砖，改变毁田烧砖的历史，目的在于节约土地，保护耕田，减少环境污染。

　　1999年建设部会同原国家经贸委、国家建材局、国家技术监督局联合下发[(1999)建住房295]号文明确规定我国人均耕地低于0.8亩的地区和城市禁止使用实心黏土砖，并逐步淘汰黏土类墙体材料。此后国家发改委又明令我国170个城市不得使用黏土类墙体材料，对有限制的地区和城市必须严格执行。

　　目前可以替代黏土砖的墙体材料有三类：1)砖类产品(空心砖、多孔砖、煤矸石砖、粉煤灰砖、灰砂砖等)；2)砌块类产品(普通混凝土小型空心砌块、轻集料混凝土小型空心砌块、加气混凝土砌块、石膏砌块等)；3)板类产品(GRC板、石膏板、各类工业废渣墙板、纤维增强板、各类有机保温及复合墙板等)。这些新型墙体材料具有轻质、高强、保温、隔热，并具有较好的节能、节土、利废，有利于环境保护等优点。

　　本条规定，对非限制禁止用黏土类墙材地区不予扣分。

6.4.6 节地措施(5分)的评定内容应为：
采用新设备、新工艺、新材料、减少公共设施占地的情况。

6.4.7 地下公建(5分)的评定内容应为：
住区公建利用地下空间的情况。

6.4.8 土地利用(2分)的评定内容应为：
充分利用荒地、坡地和不适宜耕种土地的情况。

附录C 住宅经济性能评定指标

C37	采用新设备、新工艺、新材料而明显减少占地面积的公共设施	5分
C38	部分公建(服务、健身娱乐、环卫等)利用地下空间	5分
C39	利用荒地、坡地及不适宜耕种的土地	2分

释义：

C37条：科技发展日新月异，建筑业中的新设备、新工艺、新材料不断涌现，有的四新技术采用后可大大地节约土地，如箱式变压器，既美观，占地面积又小，仅为传统变电站用地的1/20，节地作用十分明显的。本项的设置旨在鼓励企业创新，积极采用节地效果明显的技术措施。

C38条：许多公建对日照等要求不高，所以把部分公建置于地下乃是节地的一项措施。该项的设置旨在鼓励开发企业积极充分利用地下空间，将部分公建，如商业服务设施、健身娱乐、设备用房、环卫等设施置于地下。

C39条：本条的设置旨在鼓励开发企业尽可能地选择利用荒地、坡地及不适宜耕种的土地进行住宅开发建设。

6.5.2 可再生材料利用(3分)的评定内容应为：
可再生材料的利用情况。

6.5.3 建筑设计施工新技术(10分)的评定内容应为：
高强高性能混凝土、高效钢筋、预应力钢筋混凝土、粗直径钢筋连接、新型模板与脚手架应用、地基基础、钢结构新技术和企业的计算机应用与管理技术的利用情况。

附录C 住宅经济性能评定指标

C40	利用可再生材料	3分
C41	高强高性能混凝土、高效钢筋、预应力钢筋混凝土技术、粗直径钢筋连接、新型模板与脚手架应用、地基基础技术、钢结构新技术和企业的计算机应用与管理技术	
Ⅲ	采用其中5～6项技术	10分
Ⅱ	采用其中3～4项技术	(8分)
Ⅰ	采用其中1～2项技术	(6分)

释义：

C40条：可再生材料是指可以循环利用的材料，建筑材料中能够称为"可再生材料"的主要有钢材、木材、竹材等。钢材是一种可再生材料，当建筑物废弃拆除时，钢材不会成为建筑垃圾，可以进行回收，冶炼成钢材继续使用。木材、竹材也是可再生材料，当建筑物废弃拆除时，木材、竹材可以用于其他用途，或者自然分解后回归大自然，变成新的树木、竹子的一部分。

有些工业废弃物、废渣、建筑垃圾等也是可以再生利用的材料，可以作为建筑材料，如利用粉煤灰制混凝土砌块等；将建筑垃圾处理后作为基础的回填土；将原有的优质表土用作小区绿化，农耕用土等。

C41条：建筑设计施工新技术中的高强高性能混凝土、高效钢筋、预应力钢筋混凝土、粗直径钢筋连接、新型模板与脚手架应用、地基基础、钢结构新技术和企业的计算机应用与管理技术均涉及到节材的内容。

在工程中采用这些新技术，可以比传统施工方法节约钢材、混凝土等建筑材料。由于涉及内容较多，各项工程选用新技术的情况不一，因此按照选用数量多少来分级评分。

经济性能的评定 节材

6.5.4 节材新措施(2分)的评定内容应为：
采用节约材料的新技术、新工艺的情况。

6.5.5 建材回收率(5分)的评定内容应为：
使用回收建材的比例。

附录 C　住宅经济性能评定指标

C42	采用节约材料的新工艺、新技术	2分
C43	使用一定比例的再生玻璃、再生混凝土砖、再生木材等回收建材	
Ⅲ	使用三成回收建材	5分
Ⅱ	使用二成回收建材	(4分)
Ⅰ	使用一成回收建材	(3分)

释义：

C42条：节材的途径还有很多，如工厂预制化技术、提高材料耐久性技术、复合材料技术、可拆卸技术、一次装修到位、模数化技术等，但是提高建筑物的使用寿命是最有效的节材途径。本评定子项的设置旨在鼓励开发企业积极采取节材的新工艺、新技术措施，积极创新。

C43条：现在欧美等发达国家对于建筑物均有"建材回收率"的规定，也就是通常指定建筑物必须使用三至四成以上的再生玻璃、再生混凝土砖、再生木材等回收建材。1993年日本混凝土块的再利用率约为七成，营建废弃物的五成均经过回收再循环使用，有些欧洲国家甚至以八成回收率为目标。

考虑到我国这方面工作尚处于起步阶段，各项技术和评价方法还不成熟，在此规定起一种引导和促进作用。

安全性能的评定　一般规定

安全性能的评定

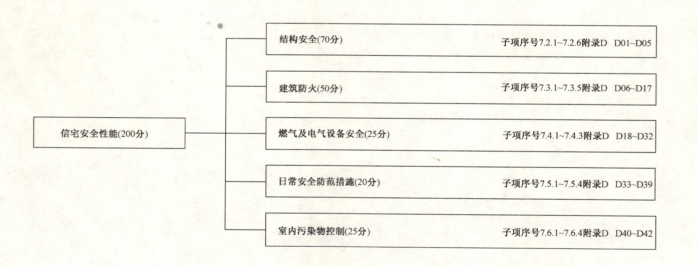

7.2.2 工程质量(15分)的评定内容应为：
结构工程(含地基基础)设计施工程序和施工质量验收与备案情况。

7.2.3 地基基础(10分)的评定内容应为：
地基承载力计算、变形及稳定性计算，以及基础的设计。

附录 D 住宅安全性能评定指标

D01 ☆结构工程(含地基基础)设计施工程序符合国家相关规定，施工质量验收合格且符合备案要求　　15分

D02 岩土工程勘察文件符合要求，地基基础满足承载力和稳定性要求，地基变形不影响上部结构安全和正常使用，并满足规范要求　　10分

释义：

D01条：我国工程建设中出现质量事故，很多是由于不按基本建设程序办事所造成的。因此在"设计审查"和"中间检查"阶段，首先应审查设计、施工程序是否符合国家有关规定，如：开工前应经过工程所在地县级以上政府主管部门的审批，领取施工许可证；相关勘察设计单位、施工企业、工程监理单位应具有相应的资质；经有关部门批准的工程项目文件和设计齐全；开工前必须上报当地的质量监督部门，接受政府对工程质量的监督。

在评定中首先应审阅设计、施工程序是否符合国家相关文件规定，经有关部门批准的工程项目文件和设计文件是否齐全，勘察单位的资质是否与工程的复杂程度相符。施工质量与建筑材料的质量、结构施工的项目管理、施工监理、质量验收等有关，施工质量应经过验收合格，并在质量监督部门备案。

"终审"阶段要对工程的施工质量进行评定。在住宅性能评定中，申报单位应提供的施工验收文件和记录如下：

1) 地基与基础工程隐蔽验收记录：基础挖土验槽记录，地基勘测报告及地基土承载力复查记录，各类基础填埋前隐蔽验收记录；

2) 主体结构工程隐蔽验收记录：砌体内配筋隐蔽验收记录，沉降、伸缩、防震缝隐蔽验收记录，砌体内构造柱、圈梁隐蔽验收记录，主体承重结构钢筋、钢结构隐蔽验收记录；

3) 主要建筑材料质量保证资料：钢材出厂合格证及试验报告，焊接试(检)验报告，水泥出厂合格证及试验报告，墙体材料出厂合格证及试验报告，构件出厂合格证及试验报告，混凝土及砂浆试验报告。

D02条：岩土工程勘查报告的内容，应符合《建筑地基基础设计规范》GB 50007-2002 第3.0.3条规定。各设计阶段(初步设计、施工图)的勘测报告(初勘、详勘)深度应符合《岩土工程勘查规范》GB 50021-2001 第4章的规定。

根据地基的复杂程度、建筑物规模和功能特征以及由于地基问题可能对建筑物造成的影响程度，将地基基础设计分为甲、乙、丙三个设计等级。住宅的地基基础设计等级一般为乙、丙级。

住宅的地基计算均应满足承载力计算的有关规定。

地基基础设计等级为甲、乙级的建筑物，均应按地基变形设计；场地和地基条件简单，荷载分布均匀的多层以下住宅建筑物(丙级)可不作变形验算。

对于经常受水平荷载作用的高层住宅，以及建造在斜坡上或边坡附近的住宅，尚应验算其稳定性。

对地基承载力的评定以勘察单位出具的勘查报告为依据，并考察设计实际采用的持力层是否合理、安全，地基变形计算和稳定计算等是否满足有关设计规范的要求。现场仅对重点或可疑项目进行抽查，如现场察看建筑物基础沉降或超长引起的裂缝；特殊工程地质(湿陷性黄土、软弱地基、膨胀土、溶洞区、地下采空区等)设计所采取的技术措施是否得当。

7.2.4 荷载等级(20分)的评定内容应为：

楼面和屋面活荷载设计取值，风荷载、雪荷载设计取值。

附录 D 住宅安全性能评定指标

荷载等级

D03 Ⅱ 楼面和屋面活荷载标准值高出规范限值且高出幅度≥25%；并满足下列二项之一：　　　　　　　　　　　　20分
(1) 采用重现期为 70 年或更长的基本风压，或对住宅建筑群在风洞试验的基础上进行设计；
(2) 采用重现期为 70 年或更长的最大雪压，或考虑本地区冬季积雪情况的不稳定性，适当提高雪荷值按本地区基本雪压增大 20% 采用

Ⅰ 楼面和屋面活荷载标准值符合规范要求；基本风压、雪压按重现期 50 年采用，并符合建筑结构荷载规范要求
(16分)

释义：

在现行国家标准《建筑结构荷载规范》GB 50009 中，对住宅建筑楼面活荷载的标准值定为 2.0kN/m²；屋面均布活荷载标准值定为 0.5kN/m²(不上人屋面)和 2.0kN/m²(上人屋面)。

由于规范规定的活荷载标准值是最小值，从长远考虑，这些取值宜留有一定的裕度，以适应今后的发展、变化，故在本条规定中，对有的住宅设计将楼面和屋面活荷载比规范规定值高出 25% 取值进行设计，给予较高得分。

《建筑结构荷载规范》GB 50009 中对"基本雪压"和"基本风压"的取值一般采用 50 年一遇的最大雪压或风压，为提升住宅结构防风灾(南方)、雪灾(北方)的安全性，鼓励设计中采用重现期为 70 年或 100 年的最大风压或雪压值。在住宅性能评定中，对于风荷载或雪荷载取值中有一项采用高于规范定值时，可给予较高分值。

对上部结构的承载力计算和梁板的挠度、裂缝验算，悬挑构件的抗倾覆验算，整体结构的抗震验算等原则上对经有资质审图单位出具的证明即可基本认可，仅对重点部位和可疑项目进行抽查。当遇施工与设计不符，设计有重大修改时亦应重点审查。

7.2.5 抗震设防(15分)的评定内容应为：
抗震设防烈度和抗震措施。

附录 D 住宅安全性能评定指标
抗震设防

D04　Ⅱ　抗震构造措施高于抗震规范相应要求，或采取抗震性能更好的结构体系、类型及技术　　15分
☆　　Ⅰ　抗震设计符合规范要求　　（12分）

释义：

住宅建筑，其结构体系应具有明确的计算简图和合理的传递地震力的途径，还要有多道抗震防线。让结构在两个主轴方向的动力学特征相近，使其具有良好的抗震性能。这是减轻地震灾害最直接有效的手段。

抗震设计的评定主要审阅经过主管部门审核、批准的有关资料，进行认可；审查抗震设防烈度、结构体系与体形、结构材料和抗震措施是否符合现行国家标准《建筑抗震设计规范》GB 50011 的规定，含基础构造规定和抗震构造措施，整体结构的抗震验算，上部结构的构造规定及抗震构造措施等。对抗震设防8度以上的地区，要重点审查地基抗震验算。并提倡在住宅设计中采取抗震性能更好的结构体系、类型及技术。

在结构抗震设计中，除了直接对整体结构进行抗震验算外，还应充分重视结构抗震的"构造措施"，针对当前住宅常采用的结构形式，采用相应的构造措施详见《建筑抗震设计规范》GB 50011－2001 第 6.3、6.4、6.5、7.4、7.5、7.6、8.3、8.4、8.5 条款的规定。在实际工程设计中如能采取高于上述规范要求的构造措施，可给予较高分值。

在住宅性能评定中，鼓励在住宅建设中采用抗震性能更好的结构体系类型及技术。如采用钢结构体系，采用基础和上部结构隔震减震技术，开发使用叠层橡胶支座和阻尼器等，将隔震、消能设计与传统抗震设计结合起来，将提高建筑抗震的综合能力，保证结构安全。因此，凡采取抗震性能更好的结构体系、类型和技术的设计，应获得更高分值。

抗震设计符合规范要求，是最起码的安全保证。本条为带☆条款，是评定 A 级住宅必备的条件之一。

7.2.6 结构外观质量(10分)的评定内容应为：
结构的外观质量与构件尺寸偏差。

附录 D　住宅安全性能评定指标
外观质量
D05　构件外观无质量缺陷及影响结构安全的裂缝，尺寸偏差符合规范要求　　　　10分

释义：

对于住宅建筑构件(墙、板、梁、柱)应根据施工验收文件检查其尺寸是否与设计相符；是否存在由于施工等原因产生的裂缝，如基础沉降、温度、收缩及建筑超长等引起的裂缝，以及外观质量；对梁、板尚应检查挠度是否与设计相符，并满足设计规范要求。

在砌体结构和混凝土结构中，构件常见裂缝有以下几种类型，见下表：

裂缝类型	产生裂缝原因
1. 干缩裂缝	在混凝土或抹灰层硬化过程中，由于失水干燥引起体积收缩变形
2. 收缩、温度裂缝	混凝土构件或砌体结构在约束条件下，由于混凝土体积收缩，外界温度变化，造成结构构件相互之间收缩和温度变形不协调，产生的收缩和温度应力超过混凝土或砌体的抗拉强度限值
3. 水化热裂缝	一般发生在建筑超长或大体积混凝土中，由于混凝土水化热很高，养护失当，且可能存在约束，故产生此类型裂缝
4. 冻融裂缝	一般发生在寒冷和严寒地区，当冬季天寒停建时，混凝土受潮和受冻所造成
5. 地基沉陷裂缝	由于地基软弱且不均匀，地基处理时又不满足规范要求，这种裂缝多为墙体斜裂缝
6. 应力集中裂缝	多发生在门窗洞口、混凝土大梁下部的墙体上和结构刚度突变处，裂缝多为斜向

住宅建筑的裂缝应从结构设计、材料配合比及施工方面采取综合措施来控制，对已出现的裂缝应进行修复处理。

7.3.2 耐火等级(15分)的评定内容应为：
建筑实际的耐火等级。

释义：
建筑物的耐火等级是由其主要建筑构件的燃烧性能和耐火极限值确定的。其中低层、多层建筑分为四个耐火等级；高层建筑分为两个耐火等级。

在符合国家标准《建筑设计防火规范》GBJ16-87(2001版)和《高层民用建筑设计防火规范》GB50045-95(2005年版)的基础上，住宅防火安全性能对耐火等级的评定，要求高层住宅不低于一级，多层住宅不低于二级，低层住宅不低于三级，评给15分；若高层住宅不低于二级，多层住宅不低于三级，低层住宅不低于四级，评给12分。通过审阅设计资料和现场检查的方法评定住宅各类构件实际达到的耐火度。只有当建筑物的构件均等于或大于该耐火等级的规范要求值时，被评定的耐火等级才是成立的。

现行国家标准《住宅建筑规范》GB50368中有关住宅建筑构件的燃烧性能和耐火极限(h)的规定见右表。

本条分两档，视住宅建筑所达到的档次给出不同的分值，以示其在防火安全性能上的差异。

附录 D　住宅安全性能评定指标
　　　　　耐火等级

D06　Ⅱ 高层住宅不低于一级，多层住宅不低于二级、低层住宅
　　　不低于三级　　　　　　　　　　　　　　　　　　15分
　　　Ⅰ 高层住宅不低于二级，多层住宅不低于三级、低层住宅
　　　不低于四级　　　　　　　　　　　　　　　　　（12分）

住宅建筑构件的燃烧性能和耐火极限(h)

构　件　名　称		耐 火 等 级			
		一级	二级	三级	四级
墙	防火墙	不燃性 3.00	不燃性 3.00	不燃性 3.00	不燃性 3.00
	非承重外墙、疏散走道两侧的隔墙	不燃性 1.00	不燃性 1.00	不燃性 0.75	难燃性 0.75
	楼梯间的墙、电梯井的墙、住宅单元之间的墙、住宅分户墙、承重墙	不燃性 2.00	不燃性 2.00	不燃性 1.50	难燃性 1.00
	房间隔墙	不燃性 0.75	不燃性 0.50	难燃性 0.50	难燃性 0.25
柱		不燃性 3.00	不燃性 2.50	不燃性 2.00	难燃性 1.00
梁		不燃性 2.00	不燃性 1.50	不燃性 1.00	难燃性 1.00
楼板		不燃性 1.50	不燃性 1.00	不燃性 0.75	难燃性 0.50
屋顶承重构件		不燃性 1.50	不燃性 1.00	难燃性 0.50	难燃性 0.25
疏散楼梯		不燃性 1.50	不燃性 1.00	不燃性 0.75	难燃性 0.50

注：表中外墙指除外保温层外的主体构件。

7.3.3 灭火与报警系统(15分)的评定应包括下述内容：
1 室外消防给水系统；
2 防火间距、消防交通道路及扑救面质量；

附录 D 住宅安全性能评定指标

D07 ☆室外消防给水系统、防火间距、消防交通道路及扑救面质量符合国家现行规范的规定　　　　5分

释义：

普通住宅的消防给水系统，应设消防水池、消防水泵房，高位消防水箱、消火栓及消防专用电源。

住宅建筑与相邻建筑之间防火间距的要求，应按《住宅建筑规范》GB50368 中表 9.3.2 执行。

消防车道的宽度不应小于 3.50m，对高层建筑要求 4.00m。消防车道距离高层建筑外墙宜大于 5.00m，消防车道上空 4.00m 以下范围内不应有障碍物。消防车道与住宅建筑之间，不应设置妨碍登高消防操作的树木、架空管线等，对建有裙房的高层住宅应注意可能存在消防登高作业面不能满足要求的问题。

住宅建筑与住宅建筑及其他民用建筑之间的防火间距(m)

建筑类别			10层及10层以上住宅或其他高层民用建筑		10层以下住宅或其他非高层民用建筑		
			高层建筑	裙房	耐火等级		
					一、二级	三级	四级
10层以下住宅	耐火等级	一、二级	9	6	6	7	9
		三级	11	7	7	8	10
		四级	14	9	9	10	12
10层及10层以上住宅			13	9	9	11	14

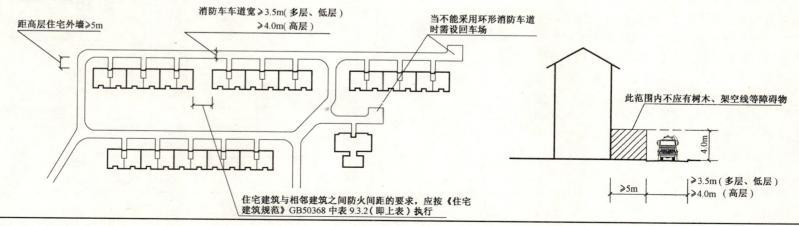

7.3.3 灭火与报警系统(15分)的评定应包括下述内容：
3 消火栓用水量及水柱股数；

释义：

对住宅而言，只有超过六层的建筑，规范才开始要求设室内消防给水。如塔式、通廊式住宅7层以上，单元组合式住宅8层及以上，底层为商业网点的住宅，应设室内的消火栓。室内消火栓的间距应由计算确定。高层住宅、高架库房，甲、乙类厂房，室内消火栓的间距不应超过30m；其他单层和多层建筑室内消火栓的间距不应超过50m。

同一建筑物内应采用统一规格的消火栓、水枪和水带。每根水带的长度不应超过25m。

附录 D 住宅安全性能评定指标

D08 消防卷盘水柱股数

Ⅱ 设置2根消防竖管，保证2支水枪能同时到达室内楼地面任何部位　　　　　　　　　4分

Ⅰ 设置1根消防竖管，或设置消防卷盘，其间距保证有1支水枪能到达室内楼地面任何部位　　　　（3分）

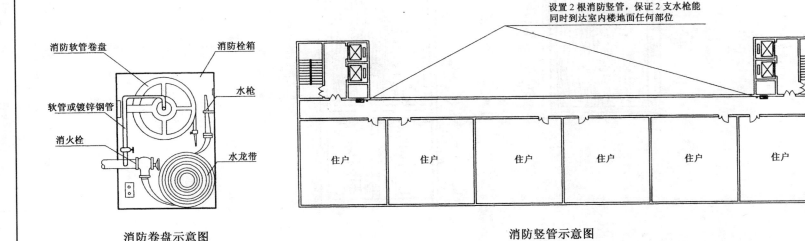

消防卷盘示意图　　　　消防竖管示意图

7.3.3 灭火与报警系统(15分)的评定应包括下述内容：
4 消火栓箱标识；

附录 D 住宅安全性能评定指标

D09 消火栓箱标识

Ⅱ 消火栓箱有发光标识，且不被遮挡　　　　　2分

Ⅰ 消火栓箱有明显标识，且不被遮挡　　　　　(1分)

释义：

　　消火栓是设置在消防给水管网上的消防供水装置，由阀、出水口和壳体等组成。消火栓按其水压可分为低压式和高压式两种；按其设置条件分为室内式和室外式以及地上式和地下式两种。消火栓箱体表面的油漆或发光标志，是为在紧急情况下使人便于识别，尤其是在夜间或光线不足时易于找到，且消火栓箱不能被任何其他物品遮挡。

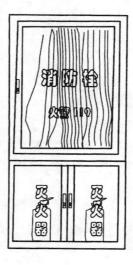

7.3.3 灭火与报警系统(15分)的评定应包括下述内容：

5 自动报警系统与自动喷水灭火装置。

附录 D　住宅安全性能评定指标

D10　自动报警系统与自动喷水灭火装置

Ⅱ　超出消防规范的要求，高层住宅设有火灾自动报警系统与自动喷水灭火装置；多层住宅设火灾自动报警系统及消防控制室或值班室　　　4分

Ⅰ　高层住宅按照规范要求设有火灾自动报警系统及自动喷水灭火装置

(3分)

释义：

一般只有在高档的高层住宅中，规范才要求设置自动报警系统与自动喷水灭火装置，执行本条时，只要被评定的住宅设有自动报警系统并且质量合格，就应给予相应的分值。对于6层及以下的普通住宅无自动报警系统与自动喷水灭火装置的要求，对于高级住宅、10层及以上普通住宅，尚有配备灭火器要求。

火灾自动报警控制器是火灾自动报警系统的中枢，它接受信号并做出分析判断，一旦发生火灾，它立即发出火警信号并启动相应的消防设备。

消防联动控制设备是火灾自动报警系统的执行部件，消防控制室接到火警信息后应能够自动或手动启动相应的消防联动设备，并对各设备运行状态进行监控。

设有自动报警系统与自动喷水灭火装置的高层住宅，应该按国家标准设置消防控制室。消防控制室应设于建筑的首层或地下一层，且应采用耐火极限不低于 2.00h 的隔墙和 1.50h 的楼板，与其他部位隔开，并且应有直通室外的安全出口。

7.3.4 防火门(窗)(5分)的评定内容应为：防火门(窗)的设置及功能要求。

附录 D 住宅安全性能评定指标

D11	防火门(窗)的设置符合规范要求	4分
D12	防火门具有自闭式或顺序关闭功能	1分

释义：

D11条：防火门、防火窗应划分为甲、乙、丙三级。其耐火极限：甲级应为1.20h；乙级应为0.90h；丙级0.60h。防火门、窗的耐火极限应与住宅建筑的耐火等级相匹配。

防火门应是向疏散方向开启的平开门，并在关闭后应能从任何一侧手动开启。

D12条：用于疏散通道、楼梯间和前室的防火门，应具有自行关闭功能。双扇和多扇防火门，还应具有自行关闭和信号反馈的功能。设在变形缝附近的防火门，应设在楼层数较多的一侧，且门开启后不应跨越变形缝。

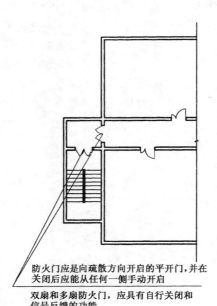

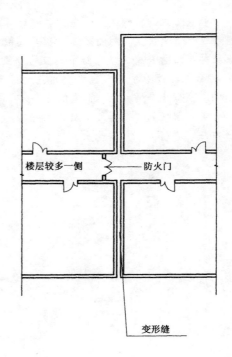

7.3.5 疏散设施(15分)的评定应包括下述内容：
1 安全出口数量及安全疏散距离、疏散走道和门的净宽；

附录D 住宅安全性能评定指标

D13 安全出口的数量及安全疏散距离，疏散走道和门的净宽符合国家现行相关规范的规定   2分

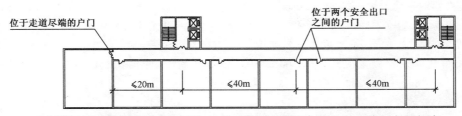

《高层民用建筑设计防火规范》GB50045中对高层建筑安全疏散距离的规定

释义：

"安全出口"——对建筑物首层而言，公共部分直通室外的外门即为安全出口。

——对建筑楼层而言，本层的疏散楼梯间即为本层的安全出口。

根据《住宅建筑规范》GB50368的规定，要求住宅建筑应根据建筑的耐火等级、层数、建筑面积、疏散距离等因素设置安全出口，并且符合下列要求：

1) 10层以下的住宅建筑，当住宅单元任一层建筑面积大于650m²，或任一住户的户门至安全出口距离大于15m时，该住宅单元每层安全出口不应少于2个；

2) 10层及10层以上但不超过18层的住宅建筑，当住宅单元任一层建筑面积大于650m²，或任一住户的户门至安全出口的距离大于10m时，该住宅单元每层安全出口不应少于2个；

3) 19层及19层以上住宅建筑，每个住宅单元每层安全出口不应小于2个；

4) 安全出口应分散布置，两个安全出口之间的距离不应小于5m；

5) 楼梯间及前室的门应向疏散方向开启；安装有门禁系统的住宅，应保证住宅直通室外的门，在任何时候能从内部徒手开启。

高层建筑内走道的净宽按通过人数每百人不少于1.0m计算，首层疏散外门和走道的净宽分别应不少于1.10m和1.20m(单面布置)、1.30m(双面布置)

7.3.5 疏散设施(15分)的评定应包括下述内容：
2 疏散楼梯的形式和数量，高层住宅的消防电梯；

附录 D 住宅安全性能评定指标

D14 疏散楼梯的形式和数量符合国家现行相关规范的规定，高层住宅按规范规定设置有消防电梯，并在消防电梯间及其前室设置应急照明　　　　　　5分

释义：

由于住宅平面形式(单元式、通廊式、塔式等)多种多样，且建筑物高度也相差甚多(高层、中高层、多层、低层等)，故其人员疏散的难度不大相同，所以它们对疏散楼梯的形式和数量分别有诸多不同的要求，详见《高层民用建筑设计防火规范》GB50045—95(2005年版)中的 6.1.1、6.1.2、6.2.1、6.2.2、6.2.3、6.2.4、6.2.5、6.2.6、6.2.7、6.2.9条和《建筑设计防火规范》GBJ16—87(2001年版)中的 5.3.1、5.3.2 和 5.3.3 条中的相关内容。

高层住宅设消防电梯的建筑类型、设置的数量及消防电梯设置的具体技术要求详见《高层民用建筑设计防火规范》GB50045—95(2005年版)中的 6.3.1、6.3.2、6.3.3条中相关规定。

7.3.5 疏散设施(15分)的评定应包括下述内容：
3 疏散楼梯的梯段净宽；

附录D 住宅安全性能评定指标

D15 疏散楼梯设施

Ⅱ 公共楼梯梯段净宽：高层住宅设防烟楼梯间≥1.3m；低层与多层≥1.2m　　　　　　　　　　　　　　　3分

Ⅰ 公共楼梯梯段净宽：高层住宅设封闭楼梯间≥1.2m，不设封闭楼梯间≥1.3m；低层与多层≥1.1m　　（2分）

释义：
楼梯净宽直接关系到楼梯的疏散能力。本条设两个档次，均满足或超过相关规范要求。
"梯段净宽"的含义参见下列各图。

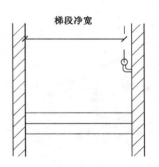 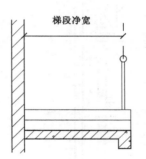 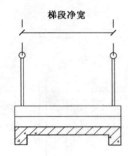

7.3.5 疏散设施(15分)的评定应包括下述内容：
4 疏散楼梯及走道的标识；

附录 D 住宅安全性能评定指标

D16 疏散楼梯及走道标识

Ⅱ 设置火灾应急照明，且有灯光疏散标识　　　　2分
Ⅰ 设置火灾应急照明，且有蓄光疏散标识　　　　(1分)

释义：
　　为保证疏散楼梯的识别与畅通在住宅的公共疏散通道上(公共走道、防烟前室、疏散楼梯)应设应急照明和灯光疏散指示标识。

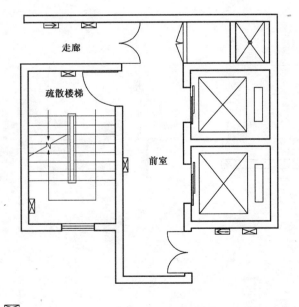

疏散楼梯及走道标识示意图

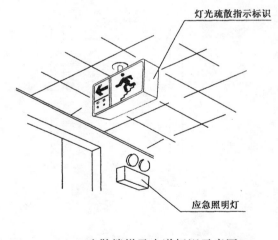

疏散楼梯及走道标识示意图

7.3.5 疏散设施(15分)的评定应包括下述内容：
  5 自救设施的配置。

附录 D 住宅安全性能评定指标

  D17 自救设施
  Ⅱ 高层住宅每层配有 3 套以上缓降器或软梯；多层住宅配有缓降器或软梯　　　　　　　　　　　　　　　　3分
  Ⅰ 高层住宅每层配有 2 套缓降器或软梯　　　　（2分）

释义：
　　缓降器适用于发生火灾、地震等危急情况下，使用者从一定高度安全下落到地面逃生使用。它是利用使用者的自重，从一定的高度，以一定的匀速度安全降至地面，并能往复使用的高空逃生装置，可以根据用户的要求配置不同长度的绳索。具有操作简便、可靠、安全等特点。缓降器由调速器，绳索，安全带，安全钩，卷绳盘等组成。

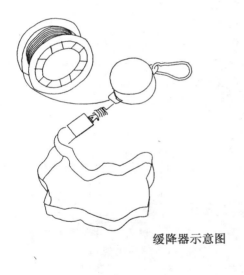

缓降器示意图

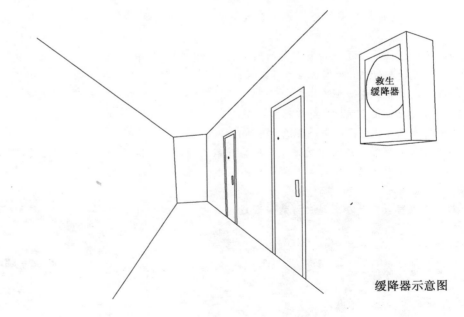

缓降器示意图

7.4.2 燃气设备安全(12分)的评定应包括下述内容：
1 燃气器具的质量合格证；
2 燃气管道的安装位置及燃气设备安装场所的排风措施；

附录 D 住宅安全性能评定指标
D18 燃气器具为国家认证的产品，并具有质量检验合格证书　　　　　　　　　　　　　　2分
D19 燃气管道的安装位置及燃气设备安装场所符合国家现行相关标准要求，并设有排风装置　　　2分

释义：

D18条：燃气器具本身的质量是保证燃气使用安全和使用功能的物质基础，因此首先要确保产品质量，产品必须由国家认证批准的具有生产资质的厂家生产，而且每台设备应有质量检验合格证、检验合格标示牌、产品性能规格说明书、产品使用说明书等必须具备的文件资料。此外，燃气器具的类型应适应安装场所供气的品种。

D19条：居民生活用气设备安装场所应符合现行国家标准《城镇燃气设计规范》GB50028有关条款的要求：

燃气灶的设置应符合下列要求：
1) 燃气灶应安装在通风良好的厨房内；
2) 安装燃气灶的房间净高不得低于2.2m；
3) 燃气灶与可燃或难燃烧的墙壁之间应采取有效的防火隔热措施；燃气灶的灶面边缘距木质家具的净距不应小于20cm；燃气灶与对面墙之间应有不小于1m的通道。

燃气热水器应安装在通风良好的房间或过道内，并应符合下列要求：
1) 直接排气式热水器严禁安装在浴室内；
2) 烟道排气式热水器可安装在有效排烟的浴室内。浴室体积应大于7.5m³；
3) 平衡式热水器可安装在浴室内；
4) 装有直接排气式热水器或烟道式热水器的房间，房间门或墙的下部应设有效截面积不小于0.02m²的格栅，或在门与地面之间留有不小于30mm的间隙；
5) 房间净高应大于2.4m；
6) 可燃或难燃烧的墙壁上安装热水器时，应采取有效的防火隔热措施；
7) 热水器与对面墙之间应有不小于1m的通道。

燃气采暖装置的设置应符合下列要求：
1) 采暖装置应有熄火保护装置和排烟设施；
2) 容积式热水采暖炉应设置在通风良好的走廊或其他非居住房间内，与对面墙之间应有不小于1m的通道；
3) 采暖装置设置在可燃或难燃烧的地板上时，应采取有效的防火隔热措施。

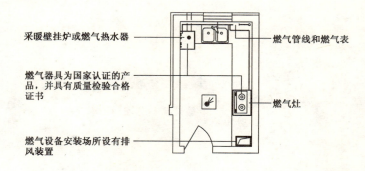

7.4.2 燃气设备安全(12分)的评定应包括下述内容：
3 燃气灶具熄火保护自动关闭功能；
4 燃气浓度报警装置；
5 燃气设备安装质量；
6 安装燃气装置的厨房、卫生间的结构防爆措施。

释义：

D20条：在燃气燃烧过程中由于多种原因(如沸腾溢水、风吹)造成熄火，熄火后如不及时关闭气阀，燃气就会大量散出从而造成中毒或爆炸事故。有了熄火保护自动关闭阀门装置就可以防止上述事故的发生，提高使用燃气的安全性。

D21条：当安装燃气设备的房间因燃气泄漏达到燃气报警浓度时，燃气浓度报警器报警并自动关闭总进气阀，同时启动排风设备排风。这要求该设备既可以中止燃气泄漏又能将已泄漏的燃气排到室外，从而防止发生中毒和爆炸事故。由于对设备的要求高，增加的投资亦多，如果设备的质量得不到保证，反而会增加危险。因此本标准中没有列入"连锁关闭进气阀并启动排风设备"的要求。

D22条：燃气设备安装应由具备相应资质的专业施工单位承担，安装完成后应按施工图纸要求和《城镇燃气室内工程施工及验收规范》CJJ94进行质量检查和验收。验收合格后才能交付使用。

D23条：安装燃气设备的厨房、卫生间应有泄爆面，万一发生爆炸可以首先破开泄爆面，释放爆炸压力，保护承重结构不受破坏，从而防止倒塌事故。为保护承重结构不受破坏，尚可采取现浇楼板、构造柱及其他增强结构整体稳定性的构造措施等。

附录D 住宅安全性能评定指标

D20 燃气灶具有熄火保护自动关闭阀门装置　　　　2分
D21 安装燃气设备的房间设置燃气浓度报警器　　　2分
D22 燃气设备安装质量验收合格　　　　　　　　　2分
D23 安装燃气装置的厨房、卫生间采取结构措施，防止
　　燃气爆炸引发的倒塌事故　　　　　　　　　　2分

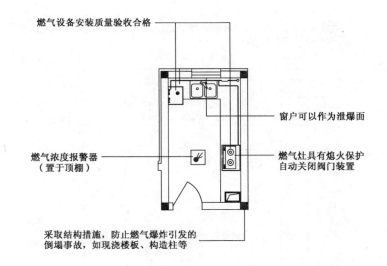

7.4.3 电气设备安全(23分)的评定应包括下述内容：
1. 电气设备及相关材料的质量认证和产品合格证；
2. 配电系统与电气设备的保护措施和装置；
3. 配电设备与环境的适用性；

附录 D 住宅安全性能评定指标

D24 电气设备及主要材料为通过国家认证的产品，并具有质量检验合格证书　　　　　　　　　　　　　　2分

D25 配电系统有完好的保护措施，包括短路、过负荷、接地故障、防漏电、防雷电波入侵、防误操作措施等　　2分

D26 配电设备选型与使用环境条件相符合　　　　　2分

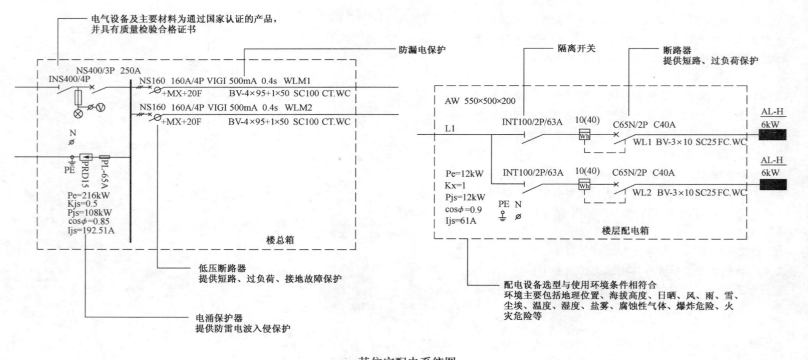

某住宅配电系统图

7.4.3 电气设备安全(23分)的评定应包括下述内容：
4 防雷措施与装置；

附录D 住宅安全性能评定指标

D27 防雷措施正确，防雷装置完善　　　　2分

释义：
　　本条评定建筑物是否按规范要求设置防雷措施，这些措施应包括防直接雷、感应雷和防雷电波入侵。设置的防雷措施应齐全，防雷装置的质量和性能应满足相关规范及地方法规的要求。
　　防雷措施主要包括避雷针、避雷带、引下线、接地装置、测试端子等，此外配电系统和信息系统还应该有电涌保护系统(SPD)，防止雷电波的侵袭。

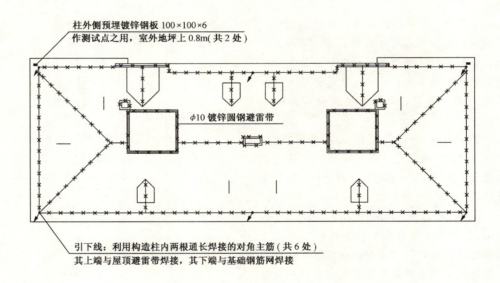

某住宅屋顶防雷平面图

7.4.3 电气设备安全(23分)的评定应包括下述内容：
  5 配电系统的接地方式与接地装置；

附录 D 住宅安全性能评定指标

D28 配电系统的接地方式正确，用电设备接地保护正确完好，接地装置完整可靠，等电位和局部等电位连接良好　　2分

释义：

本条评定配电系统接地方式是否合适，接地做法是否满足接地功能要求；等电位连接、带浴室的卫生间局部等电位连接是否符合设计和规范要求；接地装置是否完整，性能是否满足要求；材料和防腐处理是否合格。

住宅配电系统接地方式应采用 TT、TN-C-S 或 TN-S 接地方式，并进行总等电位联结；卫生间宜作局部等电位联结（《住宅设计规范》GB50096 中的相关规定）。

总等电位联结 MEB（Main Equipotential Bonding）作用于全建筑物，它在一定程度上可降低建筑物内间接接触电击的触电电压，也可降低不同金属部件间的电位差，并消除自建筑物外经电气线路和金属管道引入的危险故障电压和危害。

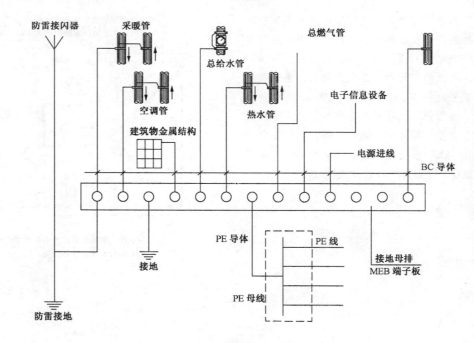

总等电位联结示意图

7.4.3 电气设备安全(23分)的评定应包括下述内容：
  6 配电系统工程的质量；
  7 电梯安全性认证及相关资料。

附录 D 住宅安全性能评定指标

D29 导线材料采用铜质，支线导线截面不小于2.5mm²，空调、厨房
    分支回路不小于4mm²   3分

D30 导线穿管
  Ⅱ 配电导线保护管全部采用钢管，满足防火要求   3分
  Ⅰ 配电导线保护管采用聚乙烯塑料管(材质符合国家现行标准规定，
    但吊顶内严禁使用)，满足防火要求   (2分)

D31 电气施工质量按有关规范验收合格   3分

D32 电梯安装调试良好，经过安全部门检验合格   4分

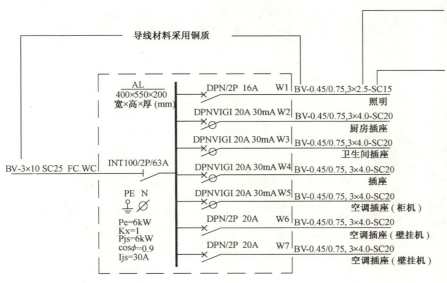

某住宅配电系统图

D29条：导线截面
支线导线截面不小于2.5mm²
空调、厨房分支回路不小于4mm²

D30条：导线穿管

D31条：电气施工质量
配电系统的施工应按照现行国家标准"电气装置安装工程"系列规范及《建筑电气工程施工质量验收规范》GB 50303 的规定执行。

D32条：电梯安装
电梯产品符合国家质量标准要求，电梯安装、调试符合现行国家标准《电梯安装验收规范》GB10060的质量要求，且应获得有关安全部门检验合格。

141

7.5.2 防盗设施(6分)的评定内容应为：防盗户门及有被盗隐患部位的防盗网、电子防盗等设施的质量与认证手续。

7.5.3 防滑防跌措施(2分)的评定内容应为：厨房、卫生间等的防滑与防跌措施。

附录 D 住宅安全性能评定指标

D33　防盗户门
Ⅱ　具有防火、防撬、保温、隔声功能，并具有良好的装饰性　　4分
Ⅰ　具有防火、防撬、保温功能　　　　　　　　　　　　　　（3分）

D34　在有被盗隐患部位设防盗网、电子防盗等设施，对直通地下车库的电梯采取安全防范措施　　2分

D35　厨房、卫生间以及起居室、卧室、书房等地面和通道采取防滑防跌措施　　2分

释义：

D33～D34条：防盗户门应采用优质冷轧钢板、模压成型，内芯填充防火、保温、隔声材料、磁性密封条具有防火、防撬及保温功能，兼顾隔声，并具有良好的装饰性。

底层住户的防盗护栏应设有可以从室内开启逃生的装置。

无论何种安全防范产品，其产品质量和安装质量是关键。

D35条：厨房、卫生间等受水经常浸湿的楼地面以及起居室、卧室、书房、通道等应采用防滑类面层。木地面也应采用防滑漆料。在有高差处的楼地面及踏步处应在色彩上有显著的提示标识。凸出的墙脚、窗台角、踢脚等处尽量避免尖锐的棱角。

防盗户门

底层房间外窗室内
防盗护栏
（可以室内开启）

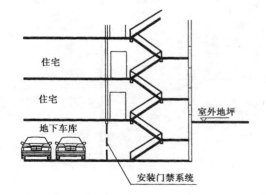

楼、电梯直通地下车库时
应采取安全防范措施

7.5.4 防坠落措施(12分)的评定应包括下述内容：
1 阳台栏杆或栏板、上人屋面女儿墙或栏杆的高度及垂直杆件间水平净距；

附录 D 住宅安全性能评定指标

D36 中高层、高层住宅阳台栏杆(栏板)和上人屋面女儿墙(栏杆)，其从可踏面起算的净高度≥1.10m(低层与多层住宅≥1.05m)；栏杆垂直杆件间净距≤0.11m，非垂直杆件栏杆有防儿童攀爬措施   3分

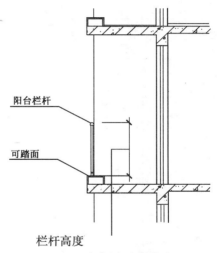

栏杆高度
≥1.10m(中高层、高层住宅)
≥1.05m(低层与多层住宅)

住宅阳台剖面示意图

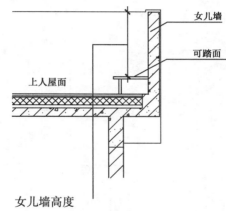

女儿墙高度
≥1.10m(中高层、高层住宅)
≥1.05m(低层与多层住宅)

上人屋面剖面示意图

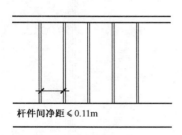

栏杆立面示意图

7.5.4 防坠落措施(12分)的评定应包括下述内容：
  2 外窗窗台面距楼面或可登踏面的净高度及防坠落措施；

附录 D　住宅安全性能评定指标

D37　窗外无阳台或露台的外窗，当从可踏面起算的窗台净高或防护栏杆的高度＜0.9m时有防护措施，放置花盆处采取防坠落措施　　　　3分

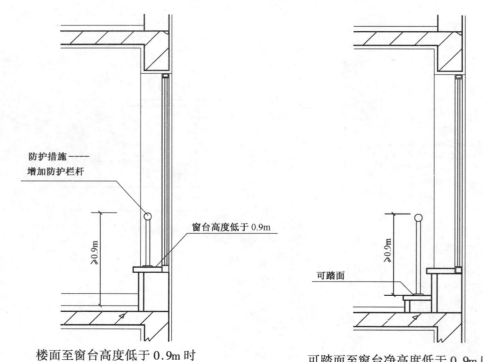

楼面至窗台高度低于0.9m时　　　　可踏面至窗台净高度低于0.9m时

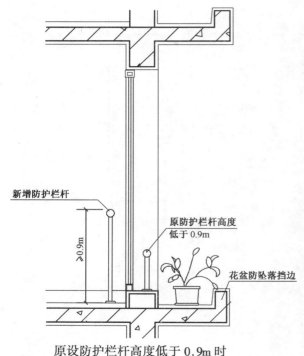

原设防护栏杆高度低于0.9m时及放置花盆处的防坠落措施

注：窗外无阳台或露台的外窗的防护措施，也可将低于0.9m的下部玻璃改用安全防撞玻璃。

7.5.4 防坠落措施(12分)的评定应包括下述内容：
  3 楼梯栏杆垂直杆件间水平净距、楼梯扶手高度，非垂直杆件栏杆的防攀爬措施；

附录 D 住宅安全性能评定指标

D38 楼梯栏杆垂直杆件的净距≤0.11m；从踏步中心算起的扶手高度≥0.9m；当楼梯水平段栏杆长度>0.5m时，其扶手高度≥1.05m；非垂直杆件栏杆设防攀爬措施　　3分

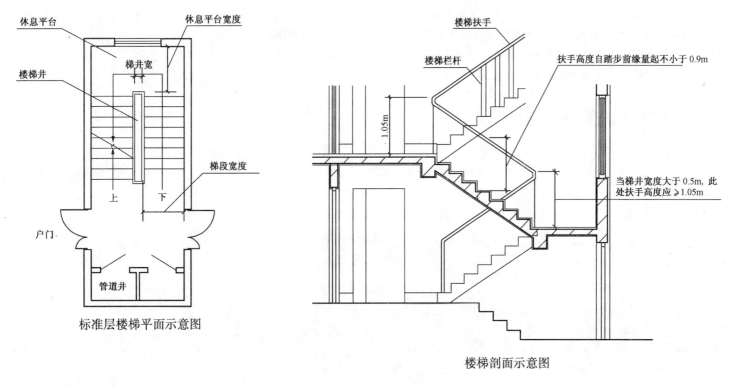

标准层楼梯平面示意图

楼梯剖面示意图

注：当采用非垂直楼梯栏杆时，栏杆及扶手需设防攀爬措施(如做光滑垂直的栏杆和不光滑的扶手等)。

7.5.4 防坠落措施(12分)的评定应包括下述内容：
    4 室内顶棚和内外墙面装修层的牢固性，门窗安全玻璃的使用。

附录 D　住宅安全性能评定指标

D39　室内外抹灰工程、室内外装修装饰物牢靠，门窗安全玻璃的使用符合相关规范的要求　　　　3分

释义：

    室内外装饰修饰物及室内顶棚与结构层连结牢固是建筑装修工程中最基本的要求，特别是高层住宅的外墙装修层和外窗如不牢固，将对人身安全形成很大的潜在危害，因此必须切实保证其牢固性、耐久性。饰面砖应达到国家现行标准《建筑工程饰面砖粘结强度检验标准》JGJ110的规定指标，以质检报告为依据。

    住宅建筑下列部位必须使用安全玻璃：

1) 7层及7层以上住宅的外开窗；

2) 面积大于1.5m²的窗玻璃或玻璃底边距最终装修面小于500mm的落地窗；

3) 幕墙；

4) 倾斜装配窗、各类天棚(含天窗、采光窗)吊顶；

5) 室内玻璃隔断、浴室围挡；

6) 楼梯、阳台、平台、走廊、天井的栏板。

7.6.2 墙体材料(4分)的评定内容应为：

墙体材料的放射性污染及混凝土外加剂中释放氨的含量。

附录D 住宅安全性能评定指标

D40 ☆墙体材料的放射性污染、混凝土外加剂中释放氨的含量不超过国家现行相关标准的规定　　　4分

释义：

放射线危害人体健康主要通过两种途径：一是从外部照射人体，称为外照射，另一是放射性物质进入人体后从人体内部照射人体，称为内照射。现行国家标准《建筑材料放射性核素限量》GB6566-2001分别用外照射指数I_γ和内照射指数I_{Ra}来限制建筑材料产品中核素的放射性污染，如下式所示：

$$I_\gamma = \frac{C_{Ra}}{370} + \frac{C_{Th}}{260} + \frac{C_k}{4200}$$

$$I_{Ra} = \frac{C_{Ra}}{200}$$

式中 C_{Ra}、C_{Th}和C_k——建筑材料中天然放射性核素Ra^{226}、Th^{232}和K^{40}的放射性比活度。

按照GB6566-2001的规定：对于建筑主体材料（包括水泥与水泥制品、砖瓦、混凝土、混凝土预制构件、砌块、墙体保温材料、工业废渣、掺工业废渣的建筑材料及各种新型墙体材料）需同时满足$I_\gamma \leqslant 1.0$和$I_{Ra} \leqslant 1.0$；对空心率大于25%的建筑主体材料需同时满足$I_\gamma \leqslant 1.3$和$I_{Ra} \leqslant 1.0$。评定时应审阅墙体材料放射性专项检测报告。

此外，规定对混凝土外加剂中释放氨的含量进行评定，评定的依据是现行国家标准《民用建筑工程室内环境污染控制规范》GB50325和《混凝土外加剂中释放氨的限量》GB18588，二者控制的指标是一致的，均为不大于0.10%。

本条为带☆条款，是评定A级住宅必备的条件之一。

住宅墙体装修材料检测及依据

应检测的建筑材料	应检测项目	检测依据相关国家标准及说明
墙体材料（包括水泥与水泥制品、砖瓦、混凝土、混凝土预制构件、砌块、墙体保温材料、工业废渣、掺工业废渣的建筑材料及各种新型墙体材料）	核素放射性	《建筑材料放射性核素限量》GB 6566
混凝土外加剂	氨	《民用建筑工程室内环境污染控制规范》GB 50325 《混凝土外加剂中释放氨的限量》GB 18588

7.6.3 室内装修材料(6分)的评定内容应为：
人造板及其制品有害物质含量，溶剂型木器涂料有害物质含量，内墙涂料有害物质含量，胶粘剂有害物质含量，壁纸有害物质含量，花岗石及其他天然或人造石材的放射性污染。

附录 D 住宅安全性能评定指标

D41 ☆人造板及其制品有害物质含量、溶剂型木器涂料有害物质含量、内墙涂料有害物质含量、胶粘剂有害物质含量、壁纸有害物质含量、室内用花岗石及其他天然或人造石材的有害物质含量不超过国家现行相关标准的规定　　　　　　　　　　6分

释义：

住宅室内装修材料检测及依据

应检测的建筑材料	应检测项目	检测依据相关国家标准及说明
人造木板及其制品	游离甲醛	《室内装饰装修材料 人造板及其制品中甲醛释放限量》GB 18580 《民用建筑工程室内环境污染控制规范》GB 50325 关于"I类民用建筑工程的室内装修，必须采用E1类人造木板及饰面人造木板"的要求
溶剂型木器涂料	游离甲醛、苯、甲苯+二甲苯、总挥发性有机化合物(TVOC)	《室内装饰装修材料 溶剂型木器涂料有害物质限量》GB 18581 如果属于聚氨酯类涂料，还应检测游离甲苯二异氰酸酯(TDI)的含量
水性内墙涂料	挥发性有机化合物(VOC)、游离甲醛、重金属	《室内装饰装修材料 内墙涂料有害物质限量》GB 18582 《民用建筑工程室内环境污染控制规范》GB 50325
胶 粘 剂	游离甲醛、苯、甲苯+二甲苯、总挥发性有机化合物(TVOC)	《室内装饰装修材料 胶粘剂中有害物质限量》GB 18583 如果属于聚氨酯类涂料，还应检测游离甲苯二异氰酸酯(TDI)的含量
壁 纸	重金属、氯乙烯单体、甲醛	《室内装饰装修材料 壁纸中有害物质限量》GB 18585
花岗石、建筑陶瓷、石膏制品、吊顶材料、粉刷材料及其他新型饰面材料	放射性核素	《建筑材料放射性核素限量》GB 6566 花岗石用于室内的须符合A类标准，用于室外的须符合B类标准。

除以上常用材料外，住宅装修中所用的木地板、聚氯乙烯卷材地板、化纤地毯、水处理剂、溶剂等也有可能引入甲醛、氯乙烯单体、苯系等有害物质。

本条为带☆条款，是评定A级住宅必备的条件之一。

7.6.4 室内环境污染物含量(15分)的评定内容应为：室内氡浓度，室内甲醛浓度，室内苯浓度，室内氨浓度，室内总挥发性有机化合物(TVOC)浓度。

附录 D 住宅安全性能评定指标

D42	☆室内氡浓度、室内游离甲醛浓度、室内苯浓度、室内氨浓度和室内总挥发性有机化合物(TVOC)浓度不超过国家现行相关标准的规定	15分

释义：

室内环境污染物含量，包括室内氡浓度、室内游离甲醛浓度、室内苯浓度、室内氨浓度、室内总挥发性有机化合物(TVOC)浓度等。这些污染物的浓度限量是依据现行国家标准《民用建筑工程室内环境污染控制规范》GB 50325作出规定的(见右表)。

评定时要求审阅空气质量专项检测报告，当室内环境污染物五项指标的检测结果全部合格时，方可判定该工程室内环境质量合格。室内环境质量验收不合格的住宅不允许投入使用。

本条为带☆条款，是评定A级住宅必备的条件之一。

住宅室内空气污染物浓度限量

序　号	项　目	限　量
1	氡	≤200Bq/m³
2	游离甲醛	≤0.08mg/m³
3	苯	≤0.09mg/m³
4	氨	≤0.2mg/m³
5	总挥发性有机化合物(TVOC)	≤0.5mg/m³

注：污染物浓度限量，除氡外均应以同步测定的室外空气相应值为空白值。

耐久性能的评定

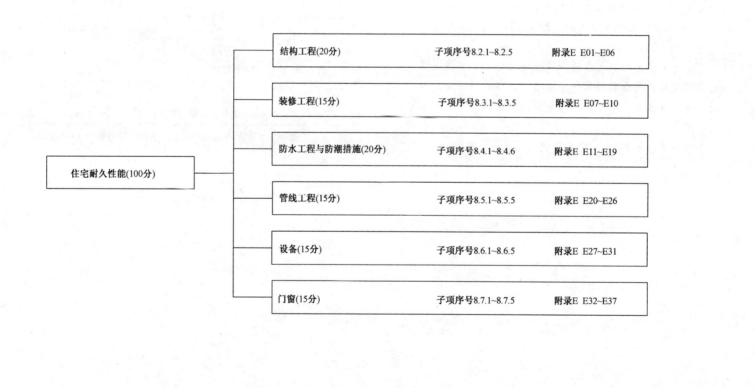

8.2.2 勘察报告(5分)的评定应包括下述内容：
1 勘察报告中与认定住宅相关的勘察点的数量；
2 勘察报告提供地基土与土中水侵蚀性情况。

附录E 住宅耐久性能评定指标

E01	Ⅱ 该住宅的勘察点数量符合相关规范的要求	3分
	Ⅰ 该栋住宅的勘察点数量与相邻建筑可借鉴勘察点总数符合相关规范要求	(2分)
E02	确定了地基土与土中水的侵蚀种类与等级，提出相应的处理建议	2分

释义：

E01条：勘察单位应依据建筑设计所提的土建资料，按《岩土工程勘察规范》GB50021-2001规定进行初勘和详勘工作。现将规范中有关勘察点的间距要求，摘录如下表：

初勘、勘探线、勘点间距(m)

地基复杂等级	勘探线间距	勘探点间距
一级(复杂)	50~100	30~50
二级(中等复杂)	75~150	40~100
三级(简单)	150~300	75~200

详勘勘探点间距(m)

地基复杂等级	勘探点间距
一级(复杂)	10~15
二级(中等复杂)	15~30
三级(简单)	30~50

E02条：地基土及土中的水中所含有的酸性物质、碱性物质和盐类结晶会对住宅基础带来化学腐蚀作用。对此种腐蚀防护可分为强、中、弱三个等级。根据勘察报告确定的侵蚀种类和等级，对地基、基础和桩的防护措施可按现行国家标准《工业建筑防腐蚀设计规范》GB50046-95第4章设计。

同时要求勘察单位提供设计使用年限内(50~100年)最不利的勘察参数，如地下水的最高水位等，并依据这类参数进行设计。

8.2.3 结构设计(10分)的评定应包括下述内容：	附录 E 住宅耐久性能评定指标	
1 结构的设计使用年限；	E03 Ⅱ 结构的耐久性措施比设计使用年限50年的要求更高	5分
	☆ Ⅰ 结构的耐久性措施符合设计使用年限50年的要求	(3分)

释义：

所谓"设计使用年限"——在国家标准《建筑结构可靠度设计统一标准》GB50068-2001中的术语解释为"设计规定的结构或结构构件不需要进行大修即可按其预定目的使用的时期"。即房屋建筑在正常设计、正常施工、正常使用和正常维护下所应达到的使用年限。该标准规定的设计使用年限摘录如下表：

设计使用年限分类

类别	设计使用年限(年)	示 例
1	5	临时性结构
2	25	易于替换的结构构件
3	50	普通房屋和构筑物
4	100	纪念性建筑和特别重要的建筑结构

通常住宅建筑的设计使用年限为50年，但随着我国市场经济在建筑市场的发展，若建设单位提出更高的要求，设计使用年限也可按建设单位的要求确定。

《混凝土结构设计规范》第3.4节对设计使用年限为100年和50年的耐久性能有明确规定。50年时对混凝土的最大水灰比、最小水泥用量、最低泥凝土强度等级、最大氯离子含量和最大碱含量都有详细规定。100年时的耐久性措施要求更严格，如钢筋混凝土结构的最低混凝土强度等级为C30(预应力混凝土结构为C40)；混凝土中的最大氯离子含量不超过0.06%；混凝土保护层的厚度应比规定值增加40%；使用过程中应定期维护等。

设计使用年限达到50年是最起码的要求，故本条为带☆号条款，若采用更严格的耐久性措施，使设计使用年限超过50年，可获得更高的评分。

8.2.3 结构设计(10分)的评定应包括下述内容:
2 设计确定的技术措施。

附录 E 住宅耐久性能评定指标
E04 Ⅱ 结构设计(含基础)措施(包括材料选择、材料性能等级、构造做法、防护措施)普遍高于有关规范要求　　　　　　　　　　5分
　　Ⅰ 结构设计(含基础)措施符合有关规范的要求　　　　　　　(3分)

释义:
一般说来,住宅建筑只要按结构设计相关规范的规定进行设计,施工质量又能满足设计要求,住宅结构的安全性和耐久性即可达到相应的设计要求。

住宅建筑常用的结构设计规范及相关结构设计措施见下表:

序号	规范名称及编号	与耐久性相关的设计考虑
1	建筑结构荷载规范 GB50009－2001	采取与设计使用年限相应的荷载设计值,结构构件按荷载效应的基本组合和偶然组合进行组合;取合理的重要性系数;选取重现期内最大风压或雪压
2	建筑抗震设计规范 GB50011－2001	近年来中国建筑科学研究院提出了基于不同设计使用年限的地震作用系数和抗震构造措施系数
3	建筑地基基础设计规范 GB50007－2002	基础承载力极限状态设计时的结构重要性系数不应小于1.0;提高基础对土壤和土中水的腐蚀性物质的抵抗能力和预防地下水位变化的能力
4	混凝土结构设计规范 GB50010－2002	针对混凝土结构的环境类别和设计使用年限采取相应措施;尤其对混凝土的室外构件更要增加特殊处理措施
5	砌体结构设计规范 GB50003－2001	
6	钢结构设计规范 GB50017－2003	焊接质量的保障,表面防护层(防腐、防火)的选择和维护

本条分为两档,符合相关规范要求是起码的要求,鼓励采取措施高于规范要求。

耐久性能的评定 结构工程

8.2.4 结构工程质量(3分)的评定内容应为：主控项目质量实体检测情况。 8.2.5 外观质量(2分)的评定内容应为：围护结构外观质量缺陷。	**附录 E 住宅耐久性能评定指标** E05　Ⅱ　全部主控项目均进行过实体抽样检测，检测结论为符合设计要求　　3分 　　　Ⅰ　部分主控项目均进行过实体抽样检测，检测结论为符合设计要求　（2分） E06　Ⅱ　现场检查围护构件无裂缝及其他可见质量缺陷　　2分 　　　Ⅰ　现场检查围护构件个别点存在可见质量缺陷　　（1分）

释义：

E05条：对于住宅的结构工程质量(施工质量与建筑材料质量)，在住宅性能评定中，对于主控项目主要从以下四个方面的施工验收文件和记录中进行检查。

1)地基与基础工程隐蔽验收记录：基础挖土验槽记录，地基勘察报告，地基土承载力复查记录，各类基础填埋前隐蔽验收记录。

2)主体结构工程隐蔽验收记录：砌体内配筋隐蔽验收记录，沉降、伸缩、防震缝隐蔽验收记录，砌体内构造柱、圈梁隐蔽验收记录，主体承重结构钢筋、钢结构隐蔽验收记录。

3)结构构件强度的检测报告。

4)主要建筑材料质量保证资料：原材料质量合格证，钢材及焊接试验报告，水泥合格证及试验报告，混凝土及砂浆试验报告，墙体材料出厂合格证及试验报告。

施工质量检验中对"全部"主控项目均进行实体抽样检测且检测结论符合设计要求者可获取较高分值。

E06条：结构工程的外观检查，应在装修、装饰工程进行之前进行。如构件的尺寸位置是否与设计相符，混凝土工程的"跑模"、"蜂窝"、"麻面"，砌体工程的灰浆饱满程度，是否存在由于施工等原因产生的裂缝，对梁、板等构件尚应查看其挠度变形状况等等。

8.3.2 装修设计(5分)的评定内容应为：外装修的设计使用年限和设计提出的装修材料耐用指标要求。

8.3.3 装修材料(4分)的评定内容应为：装修材料耐用指标检验情况。

附录 E 住宅耐久性能评定指标

E07 装修设计

Ⅲ 外墙装修(含外墙外保温)的设计使用年限不低于20年，且提出全部装修材料的耐用指标　　　　　　　　　　　　5分

Ⅱ 外墙装修(含外墙外保温)的设计使用年限不低于15年，且提出部分装修材料的耐用指标　　　　　　　　　　　　(3分)

Ⅰ 外墙装修(含外墙外保温)的设计使用年限不低于10年，且提出部分装修材料的耐用指标　　　　　　　　　　　　(1分)

释义：

目前国内相关标准对室内外装修工程的设计使用年限还没有明确的规定。从保护消费者利益的角度出发，本标准提出了相应的设计使用年限，在技术上是一大进步。住宅装修的使用年限一般要比结构主体的使用年限短，室内装修的使用年限一般只有10年左右；外墙装修的使用年限可以达到30年，故本条所提的外墙装修使用年限从设计上基本可以保证。但在外墙增设外保温层之后，外墙装修脱落问题较为突出，建议最好不要贴面砖，以采用高质量的涂料为宜。

装修材料的耐用指标可分成抗裂性能、耐擦洗性能、防霉变性能、耐脱落性能、耐脱色性能、耐冲撞性能、耐磨性能等。设计可根据装修部位和预期使用年限确定相应的耐用指标。

8.3.4 装修工程质量(3分)的评定内容应为：装修工程施工质量验收情况。

8.3.5 外观质量(3分)的评定内容应为：装修工程的外观质量。

附录 E　住宅耐久性能评定指标

E08	Ⅱ 设计提出的全部耐用指标均进行了检验，检验结论为符合要求	4分
	Ⅰ 设计提出的部分耐用指标进行了检验，检验结论为符合要求	(2分)
E09	按有关规范的规定进行了装修工程施工质量验收，验收结论为合格	3分
E10	现场检查，装修无起皮、空鼓、裂缝、变色、过大变形和脱落等现象	3分

释义：

E08条：设计中应明确提出室内装修材料的耐用指标和要求。施工方应按耐用指标要求订货并取得供货方的检验合格证明，并按技术要求进行施工安装。这些指标要求应根据装修的环境条件分别从耐老化、耐磨、耐高温、耐潮湿、抗冻融、耐擦洗和抗变形等方面进行明确要求。

对于室内装修材料应提出相应指标，归纳如下：

装 修 材 料	选用材料的性能指标
室内地面装修(地面面砖、木地板)	耐磨性指标
内墙涂料(如乳胶漆、腻子等)	耐擦洗、防霉变指标
室内墙面砖(如厨卫贴墙的釉面砖)	刚度、防变形指标
室内吊顶(如PVC板、金属板吊顶)	金属吊件的防锈蚀指标

对于设计来说，应该规定外墙装修检查的年限。

对于设计指标不熟悉的设计人员，可以选择能够提供相应检验指标的装修材料，在选择不同材料时，可优先选择经过认证且有相应检验指标的材料。

装修材料的检验结果可以证明材料的耐用指标满足设计要求。

设计及采购中应优先选择经过认证、检验结果符合指标要求的装修材料，最后施工质量也验收合格，即可认为装修工程的耐久性符合要求。

E09条：装修工程施工质量验收结论若属合格，评定时此项可得分。

E10条：评定时，需现场检查装修工程的质量外观，无起皮、空鼓、裂缝、变色、过大变形、脱落等现象，即可得分。

8.4.2 防水设计(4分)的评定应包括下述内容：
1 防水工程的设计使用年限；
2 设计对防水材料提出的耐用指标要求。

附录E 住宅耐久性能评定指标

E11 Ⅱ设计使用年限，屋面与卫生间不低于25年，地下室不低于50年　　　　3分

☆ Ⅰ设计使用年限，屋面与卫生间不低于15年，地下室不低于50年　　　　(2分)

E12 设计提出防水材料的耐用指标　　　　1分

释义：

E11条：现行国家标准《屋面工程质量验收规范》GB50207规定：屋面防水等级分成四级，对应的合理使用年限为Ⅰ级为25年，Ⅱ级15年，Ⅲ级10年，Ⅳ级5年；本标准规定，申报性能认定住宅的屋面防水工程的设计使用年限不低于15年(相当于Ⅱ级)，最高为不低于25年(相当于Ⅰ级)。

住宅屋面的防水应按《屋面工程技术规范》GB50345要求及所在地区的降水条件确定其防水等级和防水构造。等级提高时，可采取多道卷材防水措施，不同等级时，防水材料的选择也不同。

刚性防水层宜与柔性防水材料组成复合多道设防，刚性防水层宜在柔性防水层上面，二者之间设隔离层。

卫生间防水工程的实际使用寿命一般高于屋面防水工程的实际使用寿命。本标准规定的卫生间防水工程设计使用年限，考虑了卫生器具和相应管线的实际使用寿命因素。

卫生间地面应设置地漏并做防水、排水，门口处应有防止积水外流措施。墙面，顶棚应防潮。有洗浴设施时，其墙面的防水高度应大于1.8m。卫生间楼板宜局部下沉，在卫生间维修、拆除时，避免影响楼下住户。

住宅的地下工程(地下室、半地下室)均不允许渗水，围护结构也不得有湿渍。防水方案应遵循"防、排、截、堵相结合"的原则。设计前应充分掌握场地地下水运动规律(近期、远期)，准确确定该工程的"设计最高地下水位"标高，根据地下水的压力大小等技术条件，遵照《地下工程防水技术规范》GB50108，确定防水等级和防水方案，宜首先选用防水混凝土自防水结构，或卷材防水、涂料防水或其他综合防水设计方案。设计中应重视薄弱环节的技术构造措施，如变形缝、施工缝、穿墙管道、预埋件、局部坑槽、预留接口等部位，施工中必须加强管理，精心施工，确保整体防水层的连续性。

在最高地下水位低于地下室底板标高，又无形成上层滞水可能的工程中，应采取防水砂浆、防水涂料等防潮措施。

《住宅性能评定技术标准》GB/T50362-2005提出了防水工程的设计使用年限的规定，而且使用年限是下限值。主要是考虑到地下室防水工程的维护和翻修难度较大，设计使用年限不宜小于50年；屋面及卫生间防水工程的设计使用年限也应尽量提高，减少由于维修对住户生活带来的影响。

E12条：设计中应明确提出防水材料的耐用指标。

8.4.3 防水材料(4分)的评定应包括下述内容：
 1 防水材料的合格情况；
 2 防水材料耐用指标的检验情况。

附录 E 住宅耐久性能评定指标

E13 全部防水材料均为合格产品　　　　　　　　　　　　　　2分

E14 Ⅱ 设计要求的全部耐用指标进行了检验，检验结论符合相应要求　2分
　　Ⅰ 设计要求的主要耐用指标进行了检验，检验结论符合相应要求
　　　　　　　　　　　　　　　　　　　　　　　　　　　　　　(1分)

释义：

E13条：工程中采用的防水材料品种繁多，粗略统计分为以下几类：1)防水卷材；2)防水涂料；3)密封材料；4)金属防水板；5)混凝土注浆和堵漏材料；6)刚性防水材料。

条文要求工程中所采用的防水材料必须全部为合格产品。经过相关资质认证的厂家生产的经检验合格并有合格证的产品。

E14条：防水材料的耐久性是由它们诸多的物理力学性能决定的如："拉伸强度"、"撕裂强度"、"不透水性"、"热老化保持率(%)"、"低温弯折性"、"延伸性"、"粘结性"、"密实性"、"抗渗性"、"冻融循环性"等等，设计时应针对工程的实际要求和特殊性提出相应的耐用指标要求。

条文规定对设计要求的"全部"或"主要"耐久指标进行了检验，检验结论并符合设计要求后分别按两个档次计分。

8.4.4 防潮与防渗漏措施(5分)的评定应包括下述内容:
1 首层墙体与地面的防潮措施;
2 外墙的防渗措施。

附录E 住宅耐久性能评定指标

E15 外墙采取了防渗漏措施　　　　　　　　　　2分
E16 首层墙体与首层地面采取了防潮措施　　　　3分

释义:

E15条:外墙要直接经受雨水的侵袭,因此对于混凝土外墙设计与施工均要采取防渗措施。如提高混凝土密实度,重视薄弱环节的防水措施等;对于砌体外墙,一是尽量选用吸水率低的砌筑材料,同时提高灰缝的饱满度,二是无论外墙是否做外饰面,砌体均需勾缝。

E16条:首层墙体和地面由于与土壤接触,为防止土壤中的水份通过毛细现象上升,影响墙身和地面的使用,均应采用防潮措施:

1) 外墙防潮层(见左下图)和内墙两侧地面有高差时也应做防潮层(见右下图)。

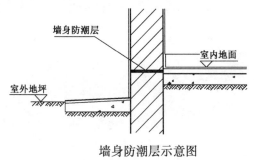

墙身防潮层示意图

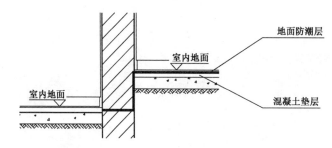

内墙两侧地面有高差时防潮层示意图

注:墙身防潮层一般设在室内地坪下 0.06m 处,一般为 20mm 厚 1:2.5 水泥砂浆内掺 3%~5% 的防水粉。

2) 地面防潮措施可在混凝土垫层上增加 1:2.5 水泥砂浆防潮层(见右上图),或采用架空地面。

8.4.5 防水工程质量(4分)的评定应包括下述内容：
1 防水工程施工质量验收情况；
2 防水工程蓄水、淋水检验情况。

8.4.6 外观质量(3分)的评定内容应为：
防水工程外观质量和墙体、顶棚与地面潮湿情况。

附录E 住宅耐久性能评定指标

E17 按有关规范的规定进行了防水工程施工质量验收，验收结论为合格　　2分

E18 全部防水工程(不含地下防水)经过蓄水或淋水检验，无渗漏现象　　2分

E19 现场检查，防水工程排水口部位排水顺畅，无渗漏痕迹，首层墙面与地面不潮湿　　3分

释义：

E17条：评定时需逐项查看防水分部工程的质量验收记录，且验收结论均为合格，方能得分。

E18条：评定时需逐项查看防水分部工程的蓄水、淋水实验检验结果，无渗漏现象，方能得分。

E19条：评定时需现场检查。我国现行国家标准对防水工程合格验收有明确的规定，现场检查时应符合现行国家标准的规定，同时应检查外墙是否渗漏，墙体、顶棚与地面是否潮湿。

8.5.2 管线工程设计(7分)的评定应包括下述内容：
1 设计使用年限；
2 设计对管线材料的耐用指标要求；
3 上水管内壁材质。

附录 E 住宅耐久性能评定指标

E20	Ⅲ	管线工程的最低设计使用年限不低于20年	3分
	Ⅱ	管线工程的最低设计使用年限不低于15年	(2分)
	Ⅰ	管线工程的最低设计使用年限不低于10年	(1分)
E21	Ⅱ	设计提出全部管线材料的耐用指标	3分
	Ⅰ	设计提出部分管线材料的耐用指标	(2分)
E22		上水管内壁为铜质等无污染、使用年限长的材料	1分

释义：

E20条：管线工程的实际使用年限总是低于结构的实际使用年限，在住宅使用过程中更换管线是不可避免的，设计时应考虑管线维修与更换的方便。据调查，空调管道的合理使用寿命平均为20年，给水装置为40年，卫生间设施为20年，电气设施为40年。据此提出管线工程的最低设计使用年限作为评定的要求，且在所有管线中以设计使用年限最低的管线作为评定的对象。

对于暴露在空气中的金属管，除了对管壁的厚度提出要求外，尚要对金属管外侧的防护层提出要求，并根据防护层的种类提出维护年限(重新涂刷年限的要求)。

E21条：本标准提出，在工程设计中应明确提出全部管线或部分管线材料的耐用指标(年限)，以保证管线工程的耐久性。

E22条：上水管内壁为铜质的目的是为提高耐久性能和保证上水供水的质量，当有其他好的材料(无污染、寿命长)时也可以使用。

耐久性能的评定　管线工程

8.5.3 管线材料(4分)的评定应包括下述内容：
1　管线材料的质量；
2　管线材料耐用指标的检验情况。

8.5.4 管线工程质量(2分)的评定内容应为：
工程质量验收合格情况。

8.5.5 外观质量(2分)的评定内容应为：
管线及其防护层外观质量和上水水质目测情况。

附录E　住宅耐久性能评定指标

E23　管线材料均为合格产品　　　　　　　　　　2分

E24　Ⅱ　设计要求的耐用指标均进行了检验，检验结论为符合要求
　　　　　　　　　　　　　　　　　　　　　　　2分
　　　Ⅰ　设计要求的部分耐用指标进行了检验，检验结论为符合要求
　　　　　　　　　　　　　　　　　　　　　　　（1分）

E25　按有关规范的规定进行了管线工程施工质量验收，验收结论为合格
　　　　　　　　　　　　　　　　　　　　　　　2分

E26　现场检查，全部管线材料防护层无气泡、起皮等，管线无损伤；上水放水检查无锈色　　　　　　　　　　　　2分

释义：

对于暴露在空气中的塑料管或复合材料的塑料管，应提出抗老化指标要求，有热水通过的塑料管，应提出湿热环境的指标要求。

埋在墙内的电线应加套管。对于埋入墙内的上下水管，应确定墙体材料对管材没有腐蚀作用。

通风管道的有高速气流通过的内表面，应考虑气蚀作用的影响。

室外下水管道，应考虑生物侵蚀和化学物质侵蚀的影响。

住宅所用管线检验结果符合设计要求和管线工程施工质量验收合格，都是保证设计要求得到实施的证明。

8.6.2 设计或选型(4分)的评定应包括下述内容：
1 设备的设计使用年限；
2 设计或选型时对设备提出的耐用指标要求。

附录 E　住宅耐久性能评定指标

E27　Ⅲ　设计使用年限不低于20年且提出设备与使用年限相符的耐用指标要求　　4分

Ⅱ　设计使用年限不低于15年且提出设备与使用年限相符的耐用指标要求（3分）

Ⅰ　设计使用年限不低于10年且提出设备与使用年限相符的耐用指标要求　（2分）

释义：

　　许多情况下，设备与设施的设计不包括在住宅设计中，但存在选择的问题，而且选择的权利在建设方。本条规定的设计使用年限针对各类设备中使用年限最低的设备。燃气设备的使用年限一般为6～8年，不在本标准限值的范围之内。电子设备更新换代周期短，更新换代的周期不可与设计使用年限混淆。设备的选型应该注意的问题：

1) 安装在室外的设备耐候性，包括防紫外线老化、防冻措施、金属的防锈等；
2) 卫生洁具表面处理的密实性和耐磨性；
3) 电器产品的老化性能；
4) 电器开关与插座的耐用性能；
5) 水龙头的耐用性等。

8.6.3 设备质量(5分)的评定应包括下述内容：
1 设备的合格情况；
2 设备耐用指标的检验情况(包括型式检验结论)

8.6.4 设备安装质量(3分)的评定内容应为：
设备安装质量的验收情况。

8.6.5 运转情况(3分)的评定内容应为：
设备运转情况。

附录 E 住宅耐久性能评定指标

E28	全部设备均为合格产品	2分
E29	Ⅱ 设计或选型提出的全部耐用指标均进行了检验(型式检验结果有效)，结论为符合要求	3分
	Ⅰ 设计或选型提出的主要耐用指标进行了检验(型式检验结果有效)，结论为符合要求	(2分)
E30	设备安装质量按有关规定进行验收，验收结论为合格	3分
E31	现场检查，设备运行正常	3分

释义：

E28条：设备为合格产品只是对其质量的基本要求。

E29条：设备应为满足耐用指标要求的合格产品。设备耐用指标的检验耗时长、费用高，因此可以是产品的型式检验结论或认证检验。例如电风扇连续运转检验、电气开关的反复开合检验等。

E30条：设备的安装质量是工程施工质量的一部分，因此有安装质量合格的要求。

E31条：设备的质量可通过现场运行进行检验。

8.7.2 设计或选型(5分)的评定应包括下述内容：	附录 E 住宅耐久性能评定指标	
1 设计使用年限；	E32　Ⅲ　设计使用年限不低于 30 年	3 分
2 耐用指标要求情况。	Ⅱ　设计使用年限不低于 25 年	(2 分)
	Ⅰ　设计使用年限不低于 20 年	(1 分)
	E33　Ⅱ　提出与设计使用年限相一致的全部耐用指标	2 分
	Ⅰ　提出部分门窗的耐用指标	(1 分)

释义：

住宅门窗从材质上分有钢、铝、塑、木等品种，互有优、缺点和适用范围。每类门窗又有高、中、低不同档次，其区别主要在于型材及五金配件的质量档次，组装加工的精密程度、物理性能的等级、型材表面处理等方面。从耐久性角度出发，对住宅常用门窗类型的耐久指标应提出相应要求(见下表)。

钢门窗 (普通碳素钢门窗、彩板门窗、不锈钢门窗)	铝合金门窗	塑料门窗 (塑钢门窗、玻璃纤维、增强塑料门窗)
抗风压性能、气密性、水密性、门窗料的强度、厚度、焊接质量及组装工艺、表面处理及防腐蚀性、五金件质量	抗风压性能、气密性、水密性、门窗料的截面尺寸、受力杆件壁厚、五金件和密封件的材质和结构、断桥铝型材的隔热条的材质、表面处理	抗风压性能、水密性、气密性、门窗料的截面尺寸、刚度、穿入增强型钢的强度和连接方式(焊角强度)、耐老化性能、开启方式及五金件质量、玻璃安装深度
玻璃种类：Low－E 玻璃、充气中空、中空玻璃、浮法玻璃、安全玻璃等		

设计中对以上耐用指标应提出相应要求。由于对"全部"和"部分"门窗提出要求的不同分两档评分。

8.7.3 门窗质量(4分)的评定应包括下述内容：
1 门窗质量的合格情况；
2 门窗耐用指标的检验情况(含型式检验结论)。

8.7.4 门窗安装质量(3分)的评定内容应为：
门窗安装质量的验收情况。

8.7.5 外观质量（3分）的评定内容应为：
门窗的外观质量。

附录 E 住宅耐久性能评定指标

E34　门窗均为合格产品　　　　　　　　　　　　　2分

E35　Ⅱ 设计或选型提出的全部耐用指标均进行了检验(型式检验结果有效)，结论为符合要求　　　　　　　　　　　　2分

　　　Ⅰ 设计或选型提出的部分耐用指标进行了检验(型式检验结果有效)，结论为符合要求　　　　　　　　　　　（1分）

E36　按有关规范进行了门窗安装质量验收，验收结论为合格　　3分

E37　现场检查，门窗无翘曲、面层无损伤、颜色一致、关闭严密、金属件无锈蚀、开启顺畅　　　　　　　　　　　　　3分

释义：

　　E34条：目前门窗多为定型产品，采用取得相应资质认证的厂家所生产的具有合格证的门窗产品是起码的要求。

　　E35条：由于对"全部"和"部分"耐用指标进行了检验的不同，本条分两档计分。

　　E36条：查看门窗分部工程验收记录，且验收结论为合格，本条方能得分。

　　E37条：按本条规定项目，现场普查或抽样检查。